BBC 科普三部曲

生命
LIFE

· 非常的世界 ·

EXTRAORDINARY ANIMALS,
EXTREME BEHAVIOUR

Martha Holmes & Michael Gunton

[英]
玛莎·霍姆斯

[英]
迈克尔·冈顿————著

丛言　胡娴娟　陈瑶————译

荆玉栋————审订

中信出版集团 | 北京

图书在版编目（CIP）数据

生命：非常的世界 /（英）玛莎·霍姆斯，（英）迈
克尔·冈顿著；丛言、胡娴娟、陈瑶译. -- 北京：中
信出版社，2023.12
（BBC 科普三部曲）
书名原文：LIFE: EXTRAORDINARY ANIMALS, EXTREME
BEHAVIOUR
ISBN 978-7-5217-5712-5

Ⅰ.①生… Ⅱ.①玛…②迈…③丛…④胡…⑤陈
…Ⅲ.①动物 – 普及读物②植物 – 普及读物 Ⅳ.
①Q95-49②Q94-49

中国国家版本馆 CIP 数据核字 (2023) 第 082041 号

BBC 科普三部曲
生命：非常的世界
著者： ［英］玛莎·霍姆斯 ［英］迈克尔·冈顿
译者： 丛言 胡娴娟 陈瑶
出版发行：中信出版集团股份有限公司
（北京市朝阳区东三环北路 27 号嘉铭中心 邮编 100020）
承印者： 北京启航东方印刷有限公司

开本：889mm×1194mm 1/16 印张：14.5 字数：278 千字
版次：2023 年 12 月第 1 版 印次：2023 年 12 月第 1 次印刷
京权图字：01-2023-2808 书号：ISBN 978-7-5217-5712-5
审图号：GS 京（2023）1090 号（此书中插图系原文插图）
定价：110.00 元

图书策划：中信出版·心理分社
总策划：刘淑娟 策划编辑：周家翠
责任编辑：范虹轶 特约编辑：王玮红
营销编辑：黄建平 金慧霖 装帧设计：别境 Lab

BBC 科普三部曲

生命
非常的世界

LIFE
EXTRAORDINARY ANIMALS,
EXTREME BEHAVIOUR

目 录
CONTENTS

序言

生物分布图

· 8 ·

· 12 ·

第一章

第二章

第三章

神奇的海洋生物

神话般的鱼

生命力旺盛的植物

· 17 ·

· 41 ·

· 57 ·

目　录
CONTENTS

第四章

富有创造力的昆虫

· 75 ·

第五章

蛙类、蛇类和蜥蜴类

· 107 ·

第六章

聪慧的鸟儿

· 131 ·

第七章

大获全胜的哺乳动物

· 161 ·

第八章

热血的狩猎者

· 185 ·

第九章

聪明的灵长类动物

· 211 ·

序

序 言

　　BBC 科普三部曲系列以及《生命：非常的世界》这本书，主要描述了神奇的动植物为了生存以及将自己的基因传给下一代所展示的各种行为。

　　每天，动植物个体都面对着各种巨大的挑战：捕食者的捕杀、威胁以及来自生存环境中的种种考验。大多数动物能够活着看到第二天的晨曦已实属不易，虽然如此，它们仍需繁衍后代。这就意味着它们需要应对各种严峻的竞争：为了吸引配偶而费尽心思，为了赢得配偶而与竞争对手决斗。我们在《生命：非常的世界》一书中所讲述的一系列扣人心弦的故事，内容就是关于不同的生物为了战胜这些生存竞争与挑战而做出的各种努力。

　　当然，地球上的生物有数百万种之多，《生命：非常的世界》一书所讲到的只是沧海一粟。我们无法用一本书囊括整个生物界。书中没有提及那些很小的、肉眼看不到的或是不太有趣的生物，而是选择了一些最能代表生物多样性和复杂性的物种，并

上图　一只年幼的日本猕猴在日本的汤池中取暖——这是一种抵御极端严寒的好方法。

左页图　栖息在南极洲南桑威奇群岛蓝色冰块上的帽带企鹅。帽带企鹅是一种典型的通过调节自己身体和行为来适应极地生存条件的鸟类。

第6~7页图　在冰块上休息的食蟹海豹。所有海豹中数量最多的就是食蟹海豹。

以最简单的方式归类，如昆虫类、鸟类、爬行类等。在某些情况下，我们不得不将一些动物群体结合起来，比如海洋无脊椎动物。世界各地的科学家和野外工作者耗费数年进行研究并实地拍摄才完成了这本书。在本书中，我们有幸能够看到一系列令人叹为观止的景象：髯悬猴用勉强能举起的巨石砸开棕核，科莫多巨蜥跟踪猎物数周，两只巨大的甲虫在树顶搏斗，50万只澳大利亚牛角蟹聚集在一起脱壳。

地球是目前已知唯一有生命存在的星球，而地球上繁多的生物种类又是经过30多亿年的演化而来的。现今生存的数百万种生物都有着共同的、以最简单生命形式存在的祖先，即化学混合物中的含碳化合物。这些最初的原始化合物有着自我复制的能力，生命的基础就此诞生。

经过数亿年的演化，这些原始有机化合物的结构变得越来越复杂，在演变成可以合成蛋白质的化合物后，最终诞生了最简单的单细胞结构的生物有机体。

　　紧接着，多种不同的单细胞生物组合到一起，形成多细胞生物。后来，一些最适应环境的多细胞生物经过漫长的优胜劣汰，生存了下来，那些不太适应环境的多细胞生物则被淘汰并消失了，这就是自然选择的开端。

　　生命体的形式也变得越来越复杂，它们分化形成了简单的消化道、肌肉纤维和神经系统，接着出现了有性生殖这一生物学上的重大飞跃。生命的繁衍已经不单单是生物自身的克隆、复制，而是不同个体有机结合而孕育出具有新特征的组合，这极大地丰富了生物的多样性，同时也为新物种的诞生奠定了生物学基础。

　　越来越多的新物种不断演化，也有了新的栖息地和生态位，如此周而复始，各种生物在新环境下又开始了新的适应过程。生命演化过程中进行着自然选择，即很多物种因为无法适应不断变化的严酷环境而灭绝，生存下来的物种每一代则不断地向着更有利于生存的方向演化着。因此，如今地球上现存的生物种类令人惊叹。

　　没有人知道当前地球上到底有多少种生物，这个数字预计为 400 万 ~1 亿。这么多生物有着共同的特点——努力寻求生命和繁衍，这也是《生命：非常的世界》一书的永恒话题。

玛莎·霍姆斯和迈克尔·冈顿

　　左图　从海洋游到特拉华湾产卵的鲎。和 4 亿多年前相比，这种海洋生物几乎没有发生什么变化，这说明有些生物古老的生活习性是适合生存的。

生物分布图

——《生命》系列纪录片的拍摄地

1 洪堡鱿鱼：墨西哥北部下加利福尼亚州圣罗萨莉亚
2 北太平洋巨型章鱼：加拿大西部不列颠哥伦比亚省温哥华岛
3 澳大利亚巨型乌贼（伞膜乌贼）：澳大利亚南澳大利亚州怀阿拉
4 澳大利亚马基德牛角蟹：澳大利亚维多利亚州莱伊海滩
5 罗斯海水下生命：南极洲麦克默多湾
6 珊瑚礁：印度尼西亚科莫多岛、所罗门群岛加勒比博奈尔岛
7 鲸鲨和鲷鱼：伯利兹格拉登
8 虾虎鱼：夏威夷大岛
9 草海龙：澳大利亚维多利亚弗林德斯湾
10 弹涂鱼：日本佐贺县
11 镜翼飞鱼：多巴哥岛
12 白条锦鳗鳚：巴布亚新几内亚阿洛塔乌
13 狐尾松：加利福尼亚怀特山区
14 竹子：日本京都
15 索科龙血树：也门索科特拉岛
16 攀缘植物：婆罗洲马来西亚沙巴州丹浓谷
17 翅葫芦种子：婆罗洲马来西亚沙巴州丹浓谷
18 灯台百合：南非尼湖德维
19 捕蝇草：美国北卡罗来纳州威尔明顿市
20 铜色豆娘：法国拉克劳圣马丁克劳
21 沙漠毛蝎和食蝗鼠：亚利桑那州图森
22 日本朱土蝽：日本九州岛
23 道森无垫蜂：西澳大利亚州肯尼迪山脉国家公园
24 切叶蚁：阿根廷皮科马约河国家公园
25 帝王蝶：墨西哥塞拉马德雷山安甘格奥镇
26 达尔文甲虫：智利拉各斯托多斯洛斯桑托斯蒙特港
27 科莫多巨蜥：印度尼西亚科莫多国家公园
28 蛇怪蜥蜴：伯利兹首都贝尔莫潘
29 鹅卵石蟾蜍：委内瑞拉罗赖马山
30 马达加斯加锯尾鬣蜥：马达加斯加雨林
31 帝王角蜥：亚利桑那图森

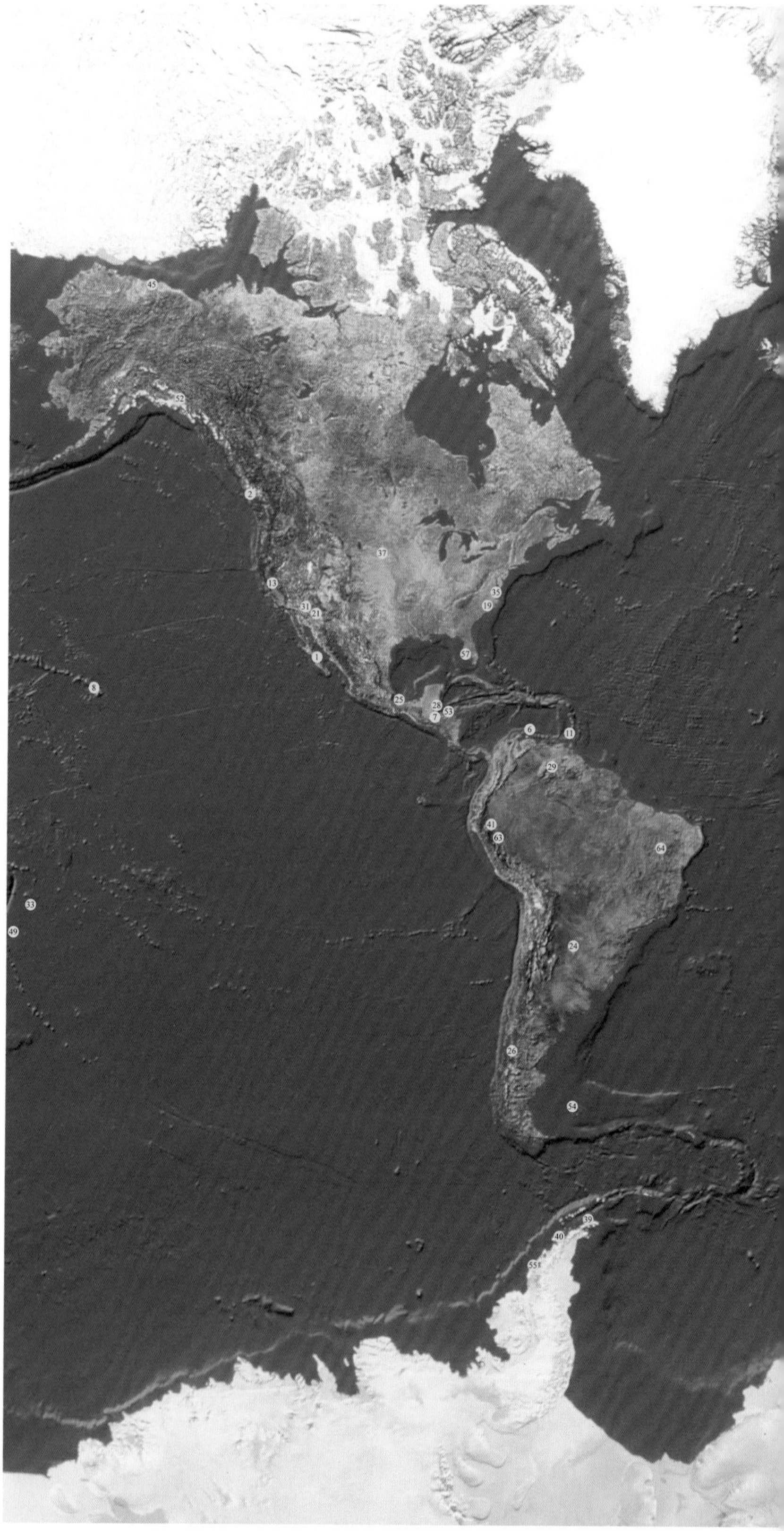

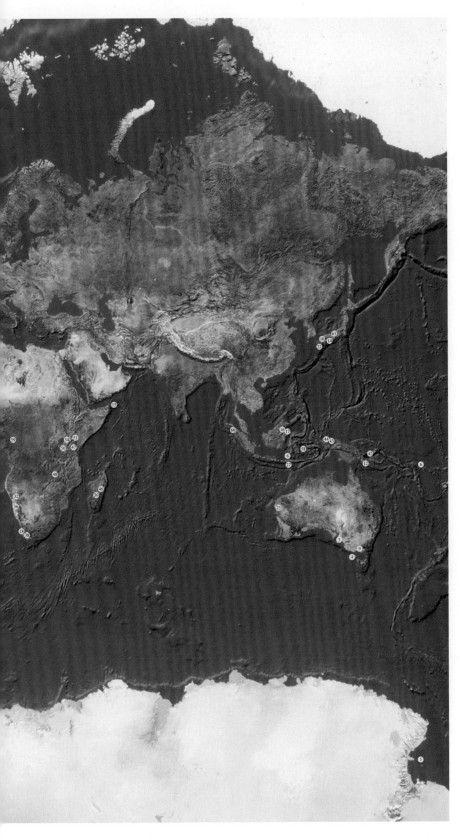

32　纳米比亚变色龙：纳米比亚

33　扁尾海蛇：南太平洋纽埃岛

34　小火烈鸟：肯尼亚博戈里亚湖

35　红腹滨鹬：美国特拉华湾

36　鸵鸟：纳米比亚埃托沙国家公园

37　穴小鸮：美国南达科他州科纳塔盆地

38　白鹈鹕：南非马尔加斯岛和达森岛

39　帽带企鹅：南极半岛迪塞普申岛

40　帽带企鹅：南极半岛罗森塔尔群岛

41　叉拍尾蜂鸟：秘鲁科迪勒拉德尔科兰山

42　戈氏极乐鸟：巴布亚新几内亚弗格森岛

43　王极乐鸟：西巴布亚省马诺夸里

44　褐色园丁鸟：印度尼西亚西巴布亚省阿尔
　　法克山

45　北极熊：美国阿拉斯加卡克托维克

46　指猴：马达加斯加塔那那利佛

47　红褐象鼩：肯尼亚鲁坎加

48　黄毛果蝠：赞比亚卡桑卡国家公园

49　座头鲸：汤加

50　斑鬣狗：坦桑尼亚塞伦盖蒂国家公园

51　猎豹：肯尼亚伊西奥洛莱瓦山

52　加拿大猞猁和白靴兔：加拿大育空海恩斯
　　章克申

53　猛犬蝠：伯利兹城

54　虎鲸和南象海豹：马尔维纳斯群岛海狮岛

55　虎鲸和食蟹海豹：南极半岛阿德莱德半岛

56　埃塞俄比亚狼：埃塞俄比亚贝尔山国家公园

57　宽吻海豚：美国佛罗里达州佛罗里达湾

58　幽灵眼镜猴：印度尼西亚苏拉威西岛淡可
　　可自然保护区

59　大猩猩：刚果民主共和国韦索

60　红毛猩猩：印度尼西亚苏门答腊岛勒塞尔
　　火山国家公园

61　日本猕猴：日本地狱谷

62　阿拉伯狒狒：埃塞俄比亚阿瓦什国家公园

63　赤秃猴：秘鲁雅瓦里河流域

64　髯悬猴：巴西巴雷拉斯

65　黑猩猩：几内亚博苏

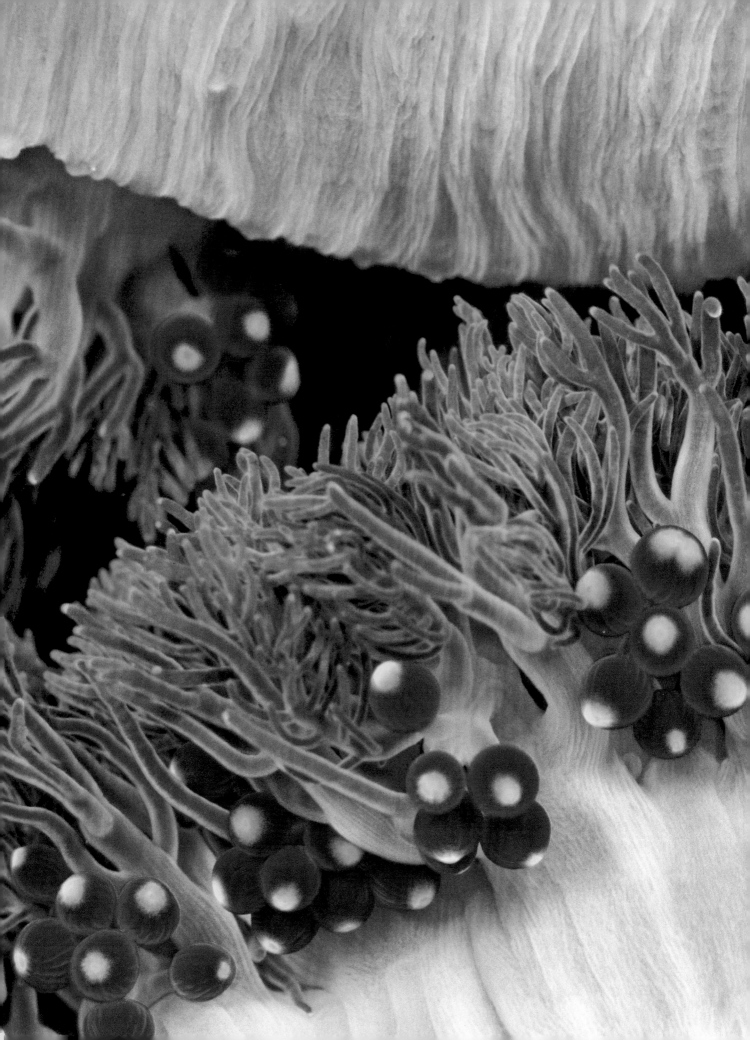

第一章

神奇的海洋生物

　　温暖的海水富含营养物质，它孕育了地球上最原始的生命形态。正是这些海洋生物，在漫长的 30 多亿年的时间里，逐渐演化成现存的种类繁多的动植物。所有生命体都含有水分，而地球适宜生存的一项显著特征就是其表面覆盖着大面积的水体。尽管大部分水体存在于洋盆，但是地球约 70% 的表面被水体覆盖，当然绝大部分是海水。

　　顾名思义，无脊椎动物没有脊椎，是所有海洋生物中种类最为繁多、数量最为庞大的一类。它们大小不同，形状各异，包括下述几类：海绵动物本质上是细胞的一个集合；刺胞动物，如海葵、珊瑚虫和水母等，身体均呈辐射对称状；栉水母动物的体外有摆动纤毛；所有两侧对称的蠕虫类动物，包括扁形动物、纽形动物、线形动物和环节动物；软体动物，如蜗牛、蛤蜊类、章鱼等，这是海洋中物种最多的类群；节肢动物，被称为"海中的昆虫"，包括藤壶、虾、龙虾、螃蟹等；棘皮动物，包括海星、海胆、海蛇尾、海参等，以及其他一些种类的动物。

左图　采用过滤式进食、桶状的海鞘，属于被囊动物，它们附着在珊瑚上。虽然它们是附着不动的，但它们的幼虫和其他海洋无脊椎动物一样，可以四处游荡。

左页图　夜间海草上像雏菊一样的海蛇尾。它没有头，没有心脏，却是一个捕食者。它用腕下吸盘状的管足行走，一旦被抓住，就可断掉一条腕，之后会长出新腕。

第 14~15 页图　海葵顶部口盘的细节特写，葡萄状的囊泡含有刺细胞。

海洋之所以能够孕育如此多的动物，原因之一是与陆地上的空气相比，海水更容易被占据。比方说，墨鱼在很大程度上是由海水支撑着游动的，而同样条件下的陆地动物则需要消耗大量能量。海洋生物的生活空间大概是陆生生物的 250 倍，但它们中的大多数都集中生活在阳光能够穿过的 200 米的海洋表层。海洋生物也不是均匀地分布在这个相对较浅的区域，而是多数生活在距离陆地较近或大陆架海域。

充足的阳光和基质使海洋生物群落极为丰富。海洋植物需要阳光才能生长，硬岩石基质为它们提供了可以锚定的生活场所。围绕在这些海洋生物周围，在热带、温带和某些极地海洋中，复杂的生态系统相应而生。然而就海洋中的无脊椎动物而言，它们所面临

上图　一只在紫色海胆和刺状海蛇尾旁边的裸鳃亚目动物——海柠檬（或叫海蛞蝓），它那极具伪装性的颜色来源于所食用的黄色海绵，但它得名于自身所散发出的具有防御性的柠檬气味。

右页图　加利福尼亚大螯虾白天聚集在隐匿处，触须探露在外。两侧是紫色的加利福尼亚水螅珊瑚，这是一种水螅类动物，长有像真珊瑚一样的岩质躯干。

的挑战还会随着地点甚至季节的变换而改变。海水的盐度影响海洋生物的新陈代谢，所以它们必须想办法调节水盐比例在细胞水平上的平衡，有些栖息地，比如深海中的盐度是恒定不变的，但是在入海口，盐度会因为潮汐或洪水的影响而发生很大变化。同时，温度也会影响海洋生物的新陈代谢，一般来说，化学反

应在较温暖的水中速度会比较快，在较冷的水中则会比较慢，因此，极地物种演化形成了在极地低温条件下维持新陈代谢极为有效的特殊的酶。

很显然，不是所有物种或种群都能作为栖息地的代表，也有一些地方可以维持几乎所有典型物种的生命，而且物种的多样性简直令人难以置信。珊瑚礁类型繁多，是因为它们生长的环境中两种必需要素——温度和阳光——都非常充分。第三种要素，即水中营养物虽然短缺，但是珊瑚礁已逐渐发展成为一个动植物群落，这样的群落通过物质循环可以弥补这一不足。珊瑚生态系统的整个形成过程是从生活在珊瑚中的甲藻开始的。甲藻为珊瑚虫提供食物，并帮助珊瑚虫产生碳酸钙骨架，珊瑚反过来为甲藻提供氮和磷等营养物质以及安全的生长环境。珊瑚虫的分泌物成为甲藻

的养分，而甲藻在光合作用下产生糖分，糖分又重新被珊瑚虫吸收利用。珊瑚虫消耗糖分的时候，又会释放出其他养分，养分又被甲藻重新吸收利用，如此循环往复。

海绵、海鞘和砗磲（别名巨蛤）等与单细胞生物有着共生关系的无脊椎动物也通过上述方式循环利用营养物质。以珊瑚虫为食的鱼类会排泄氮、磷和其他营养物质，这些营养物质也会被植物吸收。远离珊瑚礁觅食而又栖息在珊瑚中的鱼类也能将营养物质输入珊瑚生态系统。

温带海岸近海水域的无脊椎动物组成的群落则表现出很大不同。这里有可供植物依附的稳固基底，仅在夏天才有足够强烈的阳光供植物生长。到了冬天，惊涛骇浪会不断地翻搅海底的营养物质。因此，这里的生态系统会随着季节变化而形成高潮和低谷。同时，该区域的无脊椎动物与热带地区的同类动物相比体型较大。比如，生长在温带水域中的北太平洋巨型章鱼体长可达 7 米。

极地区域的季节性波动则更为极端。在一年中的大多数时间里，那里的动物都生活在完全的黑暗中，生长也处于停滞状态。当太阳重新出现，海洋冰层开始融化的时候，植物（浮游植物和藻类）会最大限度地利用阳光，合成生长和繁殖所需要的养分。因此，浮游生物开始大量繁殖，浮游动物和海底的无脊椎动物以活着和垂死的浮游植物为主要食物，冰冷的海水使它们的新陈代谢和生长速度变慢，但是这些动物的寿命却较长，而且和生长在温暖海水中的同类相比，体型也要更大些。

和极地海洋条件较为相似的深海中也有体型巨大的动物，这里也是鲜有阳光，且极度寒冷。我们对这种环境的情况知之甚少，只能从长期生活在深海，偶

上图　洪堡鱿鱼互相搏斗，失败者会被对方吃掉。这些动作敏捷的捕食者夜间视力极好，可达 2 米远。

右页图　体型比人还大的北太平洋巨型章鱼。这种章鱼刚从卵中孵化出来时只有米粒大小，但是在吸收北太平洋沿岸海域的充足养分后，3 年之内就会变得体型巨大。

尔游至浅层海水的动物那里得到一些信息。比如一种大型的、极具攻击性的、深海中生存的洪堡鱿鱼（美洲大赤鱿），会在夜间游到海面捕食。

　　本章讲述的是洪堡鱿鱼和其他一些无脊椎动物的故事，这些动物展现了适应不同海洋环境的惊人能力。同时，它们也代表着这个类群令人难以置信的成功，因为在地球上所有已知的物种当中，97% 是无脊椎动物，它们大多数要么生活在海洋中，要么是海洋生物的后代。

马不停蹄的捕食生活

　　夜晚时分，在加利福尼亚湾随意转一圈，你就能看到许多灯光，那是从准备夜间捕捉深海鱿鱼的船只上发出来的。要捕捉的深海鱿鱼因其具有亮闪闪的红

色外套膜，且常攻击站在甲板上工作的渔民，而被当地人称为"红色恶魔"。又因其最初在洪堡洋流中被人们发现，所以也被称为洪堡鱿鱼，它还被称为"巨型飞乌贼"。

　　洪堡鱿鱼的寿命一般为 1~4 年。其生命虽短暂，体长却能达到 2 米，体重约达 45 千克，且生长速度相当快。白天，洪堡鱿鱼活跃在 200~700 米的深水区。即便在这种缺氧的环境中，它们也能保持活跃的生存状态，而这是人们至今无法解释的现象之一。到了晚上，洪堡鱿鱼习惯成群地游到水面捕食，最多时数量达 1 200 只。它们视力极好，多以灯笼鱼、沙丁鱼为食，同类相食的情况也时有发生——洪堡鱿鱼如果被渔线钩住，则会被附近的同类吞食。曾有人做过研究和分析，1/4 的洪堡鱿鱼胃内都含有其他洪堡鱿鱼的残体。

　　洪堡鱿鱼是捕食能手，动作敏捷，时速可达 24 千米。它的每条触手（腕）上都有大量吸盘，吸盘边缘布满尖锐的微型钩状物，捕食时它先用两条触手（腕）抓住猎物，然后用刀片般锋利的喙状嘴反复咬食猎物。体积稍小的鱼类可被其一口吞下，而体积稍大些的则直接被撕成肉片。

　　科学家认为，洪堡鱿鱼是采取群体合作的方式来捕杀猎物的。正如纪录片《生命》所拍摄的那样，它们把成群的沙丁鱼驱赶到礁石上或空间狭小的洞穴中，然后开始捕杀。但即便如此，也不能断定洪堡鱿鱼是一起行动的。洪堡鱿鱼凭借特化的皮肤细胞——色素细胞（各种色素填充在内的弹性细胞），可以快速地从深红色变为白色。也有人见过洪堡鱿鱼在捕食的时候身体会同步地闪光，这是一种复杂的交流信号。洪堡鱿鱼集体捕食时身体会持续地闪着红光，但是没有人知道这是因捕食带来的兴奋所致，还是一种为了

上图　一只雌性北太平洋巨型章鱼在它的洞穴中保护着它产下的卵。这些卵需要持续的照顾以确保得到充足的氧气，并保证其他生物不会在卵上生长。

捕捉鱼群而和同伴交流的手段。

洪堡鱿鱼虽说是捕食能手，但它们也是枪鱼、剑鱼、海豹和抹香鲸的食物。如今，加利福尼亚湾出现了越来越多的抹香鲸，这足以证明此处有大量洪堡鱿鱼。也有科学家认为，这是过度捕捞枪鱼、剑鱼、刺鲅和鲨鱼的后果。很显然，在寿命长、生长慢的鱼类从食物链中退出后，寿命短、快速生长的物种会取而代之，比如鱿鱼。雄性洪堡鱿鱼 10 个月就能达到性成熟，雌性洪堡鱿鱼则需要一年。然而，雌性洪堡鱿鱼可以在短暂的生命中产下数百万枚卵，所以，即便是过度捕捞，洪堡鱿鱼也可以比其他物种更快地恢复其庞大的种群数量。

近年来[1]，洪堡鱿鱼的活动范围从以前的加利福尼亚湾扩展到如今的加拿大的不列颠哥伦比亚省沿

① 本书英文版于 2009 年出版发行，为了保证内容叙述的完整性和前后一致性，书中数据大部分保留原书数据，经过专家审定的最新数据以脚注形式列出，特此说明。——编者注

岸，有越来越向北部发展的趋势。有人认为，洪堡鱿鱼活动范围扩展是海水温度升高和海里鱼类急剧减少等原因造成的。同时，这也体现出了洪堡鱿鱼寿命短、生长快、繁殖快的生活习性。

巨大的牺牲

在寒冷而黑暗的北太平洋海域中，一些红棕色的生物正在游动，它们是世界上最大的章鱼。这种动物的外套膜可伴随着呼吸自由收缩：它们把水吸入鳃中，然后通过虹吸管吐出。如果遇袭，这种巨型章鱼就这样喷水并迅速后退。雌性章鱼的任务就是专心照顾产下的卵，并在长达几个月的时间里不进食，因此，它们为下一代做出了巨大牺牲。

北太平洋巨型章鱼可以生活在北太平洋沿岸水深达 750 米的地方，从加利福尼亚湾到阿拉斯加，从阿留申群岛到日本。雄性章鱼比雌性章鱼的体型要大，体重可达 40 千克（有记载，最重的章鱼达 182 千克）。在所有章鱼中，北太平洋巨型章鱼被认为是最长寿的（近期的研究发现，深海蓝色章鱼可能会打破这一纪录）。即使长寿，它们的寿命也只有 3~5 年。因此，为了在死亡之前能够繁育下一代，它们必须快速成长起来。

雌性章鱼性成熟后会释放一种化学物质来吸引雄性。如果两只雄性章鱼同时被吸引来，它们需要通过决斗来获得交配的机会。雌性章鱼释放的引诱物质会使它免受雄性章鱼的袭击和残杀，这是一种明智的预防措施，因为同类残杀的事情时有发生。一旦雌性章鱼向某只雄性章鱼发出交配信息，雄性章鱼就会用右侧第三条触手（也叫化茎腕）将储存有精子的精荚伸进雌性章鱼的输卵管。这意味着，雌性章鱼的生命只

剩下数月了。

雌性章鱼的下一个任务就是寻找一个孵化洞穴。如果洞穴是岩石下方 15 米左右并带有一个开口的地方，那就再好不过了。雌性章鱼会钻进洞穴，舒展触手（腕）并用触手堆砌一些附近的石头，以挡住开口处。然后，它会游至洞穴的顶部，开始产卵，一次只产一枚卵，每枚卵都是在通过产道时受精。它会用唾液和嘴边的小吸盘，将大约 200 枚卵编成一串并把它们黏在洞穴顶部。在 3 周内，它需要按照这样的方法把 2万~10 万枚卵编成串挂起来。

在接下来的六七个月里，雌性章鱼开始照料拂拭产下的卵，以免细菌、海藻和水螅之类的生物生长在

它们上面。同时，雌性章鱼还要使卵间的海水流动起来以保证氧气供应充足。幼小胚胎会轻微移动，还可以看到它们又大又黑的眼睛。雌性章鱼不能外出觅食，因为一旦离开，这些卵就会成为海星、蟹类、鱼群或其他机会主义者的腹中之物。如此一来，雌性章鱼在数月之内都处于饥饿状态。到了某个夜晚，卵开始裂开，雌性章鱼会为它们喷水，帮助它们孵化。趁着其他鱼类睡眠的时候，刚孵化出来的小章鱼可以游至海面。直到所有的小章鱼都孵化完毕，雌性章鱼才离开洞穴，它的生命也会走向终结。它为抚育后代做出了巨大的牺牲。

小章鱼和浮游生物一起游到海面，以浮游生物的幼虫和比它们小的其他动物为食。它们只有 6 毫米长，极其脆弱，存活率不到 1/100。但是到 4~12 周的时候，存活下来的小章鱼会长到至少 14 毫米，它们就

下图　雄性乌贼在交配场所决斗，互相试探对方的体型大小。雌性乌贼在它们中间。

会沉到海底，在那里开始自己的生活。鱼类、海豹、海獭和抹香鲸都会威胁到它们的生命。存活下来的章鱼需要 3 年时间才能成年并达到性成熟，然后开始新一轮繁殖新生命的周期。

保护色和引诱的艺术：澳大利亚巨型乌贼

在澳大利亚的南部海域生长着世界上最大的乌贼。和所有头足纲动物（乌贼、鱿鱼和章鱼等）一样，这些澳大利亚巨型乌贼（伞膜乌贼）虽然体长能达到 1.5 米，体重更是可达 13 千克，但只能活 1~2 年。如此快的生长速度意味着需要消耗巨大的能量，所以这些乌贼一生中 95% 的时间都处于静止状态以保存能量用于生长，而它们可以保持静止而不被打扰的秘密就在于善用保护色。

保护色在澳大利亚巨型乌贼寻找猎物和躲避捕食者时都非常有效。乌贼的视力非常好，无论是白天还是黑夜，它都能够准确判断出自己处于何种环境，并知道该如何与环境融为一体，然而它在夜间捕食者（已知的捕食者包括夜行性鲷鱼和石首鱼）那里却变得束手无策。白天的时候，如果有海豚在乌贼上方游过，乌贼便马上沉到海底并用色素细胞迅速改变身体的颜色来伪装自己。

澳大利亚巨型乌贼一般有三种模式的颜色伪装术。"均匀模式"较少被用到，这是一种将颜色均匀分布在躯体上的方法。"杂色模式"是将斑点状的浅色和深色混合搭配，以达到和背景中如藻类的斑点大小及形状匹配的目的。"混乱模式"采用各种大片的深色和浅色，专为乌贼所处的背景量身定做，达到隐藏其外形的目的。为了取得完整的效果，"混乱模式"经常和"杂色模式"一起搭配使用。乌贼还可以瞬间

上图　一只雄性乌贼发出激情之光。它一边抓住一只雌性乌贼，一边用它的第四条触手将精荚送进雌性乌贼嘴部下方的贮精囊里。

左页图　一只雄性乌贼（中间位置）与其他雄性乌贼（上方）决斗，以保护雌性乌贼（下方）。双方决斗期间，很有可能被别的雄性乌贼乘虚而入，与雌性乌贼进行交配。

改变皮肤的纹理，使皮肤上产生乳头状突起以增加坑坑洼洼的效果，或将它们缩回使皮肤光滑平整。

澳大利亚巨型乌贼大多是独居的。到了冬天，成千上万的乌贼游回到澳大利亚南部怀阿拉附近的浅海中，在那里将上演一出可潜水观赏的交配大戏。乌贼交配一般在 5 月，到 6 月的上旬达到高峰，在 8 月末逐渐结束。雌雄乌贼的数量比例约为 1∶4，所以雄性乌贼之间的竞争非常激烈。体型较大的雄性乌贼不用决斗便能占有雌性乌贼伴侣，而体型大小相近的雄性乌贼则需要尽力伸出触手，试探对方的实力。此时，雄性乌贼全身依次呈现出独特的斑纹图案。如果体型较小的雄性乌贼不肯离开，体型较大的雄性乌贼便会狂舞第四条触手作为警告。这样还不奏效的话，体型较大的雄性乌贼就会一把抓住体型较小的雄性乌贼，

通常这样体型较小的雄性乌贼才会承认失败。

雄性乌贼为俘获雌性乌贼的芳心所进行的炫耀展示时间较为短暂，它会在身体侧面的某一处呈现出一种微妙的类似斑纹状的图案。这种方法只有不到一半的成功率，如果炫耀失败，雌性乌贼会游走甚至可能会咬雄性乌贼；如果成功，雄性乌贼会用虹吸管喷水来清洗雌性乌贼的嘴部周围，大概是为了将此前和雌性乌贼交配过的雄性乌贼所留下的精液冲洗干净。交配采用头对头的方式，雄性乌贼用它的第四条触腕将精荚送进雌性乌贼嘴部下方的贮精囊里。同时，它也要竭尽全力保护雌性乌贼，以防受到其他雄性乌贼的侵扰。即便雄性乌贼如此费尽心力地保护雌性乌贼，它们的努力也可能是徒劳的，因为在正式产卵之前，雌性乌贼一般要和多只雄性乌贼进行交配。出人意料的是，雌性乌贼并不根据雄性乌贼的体型大小和地位来决定是否与之交配，这在某种程度上暗示了雄性乌贼较大的体型以及在交配前冲洗雌性乌贼的行为并没有什么明显的好处。

事实上，有这么一类雄性乌贼，即使在体型上很不占优势，却可以成功地和雌性乌贼进行交配。这种乌贼会悄悄地潜到被雄性乌贼保护的雌性乌贼身旁，在雄性乌贼和其他对手决斗时乘虚而入，迅速与雌性乌贼进行交配。它们也会躲到雌性乌贼快要产卵时所在的岩石或暗礁下面，或者在雌性乌贼寻找洞穴时，偷偷地与之交配。但是，最迂回的战略要数它们的变装术了。这类乌贼常采用与雌性乌贼极为相似的天然色斑点，将第四条触腕收起，甚至将触手往前伸，模仿雌性乌贼产卵的姿势，这样，它们就可以接近雌性乌贼，而丝毫不被察觉。但这些战术多半都不能成功，因为雌性乌贼会拒绝交配。

一只雌性乌贼一次只产一枚卵，一天内最多能产40枚。这些卵在它体内受精，发育，顺着漏斗管产出，沿触手而下，黏着在岩石、暗礁底下，或藏在洞穴中，以躲避鱼类等敌害。由于海胆会吃掉很大一部分的乌贼卵，因此澳大利亚巨型乌贼和其他乌贼不太一样，它们产卵后不会立即死亡，而是继续和雄性乌贼进行

上图　一只巨大的蝠鲼横扫过蟹群，以软壳状态的蟹为食。

左页图·左　准备好交配。蟹类唯一成长的方式就是挣脱原来的外骨骼。在蜕皮期间，失去螯的蟹可以重新长出螯，不过新长出的螯不如原来的大。

左页图·右　当旧的外骨骼裂开时，蟹就会从壳中挣脱出来，并快速吸取水分。然而，新的外骨骼还很软，不足以支撑蟹行走，此时的蟹处于容易被攻击的状态。

交配，以产下更多的卵。乌贼卵的孵化需要 3~5 个月的时间，在温暖的水中会孵化得相对快些。到了 9 月，这些卵就会孵化成 1 厘米长的小乌贼，并沉入海底隐藏起来。至此，大乌贼才消失不见。没有人知道它们是否还活着，是否会继续繁殖，或者是否像其他乌贼一样渐渐消失，然后死亡。

群体蜕皮和交配：澳大利亚牛角蟹

1801—1803 年，法国博物学家弗朗索瓦·佩龙环游澳大利亚，共采集了大约 10 万种生物标本，而这也成为澳大利亚历史上意义最为重大的一次自然物种采集。在远离塔斯马尼亚岛时，他记录道："牛角蟹，喜生活于泥质海底，大量密布于海床上。"即使是在今天，在晚秋或者冬季，海床上也聚集着大量的澳大利亚牛角蟹（蜘蛛蟹科牛角蟹属）。

这个物种并不为人所知。在约 800 米深的沙质或泥质海底，牛角蟹用螯抓取海底的微小生物或者藻类为食。当牛角蟹迁移到较浅水域交配时，它们会聚集在一起，一个趴在一个身上，层层叠叠。和所有的蟹类及其他甲壳类动物一样，牛角蟹的生长也受坚硬的外骨骼所限，而唯一解决的方法就是在现有的外骨骼下长出一个更大的柔软外骨骼，然后原来的坚硬外骨骼裂开，它从中挣脱出来。新的柔软外骨骼在旧的外骨骼底部成形的时候，已将旧的外骨骼中的大量钙质吸收到血液中，所以牛角蟹即便丧失了一只螯，也能重新长回来。蜕下旧的外骨骼后，在一段时间内牛角蟹的身体会处于柔软状态，直到新的外骨骼硬化。这也是雌蟹准备交配的时期，但同时也是最容易遭受攻击的脆弱时刻。

有生殖力的雌性牛角蟹会吸引大量的雄性，它们会聚集在一起，像个小土墩，有时会有 10 只摞起来那么高。它们可能包括即将蜕皮的螃蟹、新蜕皮的螃蟹和正在交配的螃蟹和其他贝类。交配时，牛角蟹脸对脸，腹部对腹部，雄性牛角蟹在雌性体内受精。雌性会在几天内产下数千枚卵，把它们藏在外骨骼下，并在蟹脐内部孵化。

显然，如此大量的牛角蟹聚集在一起是寻找配偶的一种好方式，但当雌性牛角蟹不接受交配时，或者雄性牛角蟹外骨骼依然柔软，无法让雌性牛角蟹受精时，硬壳牛角蟹也会聚集在一起。因此，聚集在一起很可能提供了数量上的安全，尤其是当牛角蟹外骨骼柔软，容易受到蝠鲼等捕食者的攻击时。

冰冷生活的对策

南极洲罗斯海的麦克默多湾和南极大陆的其他地方一样，几乎全年被冰层覆盖。唯独在极其短暂的夏末，覆盖在罗斯海上的冰层才会暂时融化，但仅持续几个星期。这里有一个古老而又与世隔绝的群落。

下图 麦克默多湾海冰一景。背景为正在活动的埃里伯斯火山。海冰和岩冰衔接的地方形成了一道冰脊。冰层之下也有相当壮观却罕见的景色。

南极的无脊椎动物，从海绵动物、海星到珊瑚虫、蟹，无不经历了漫长岁月的演化。大约 2 500 万年前，当南极大陆继续向南漂移，最终脱离南美洲的时候，南大洋便成为一个完全环绕南极洲却没有被陆地分割开的大洋。南极绕极流逐渐增强，在相对温暖的北部水域和相对寒冷的南部水域间形成了一道天然的屏障。从此，南极地理隔离与生物独立演化开始了。

麦克默多湾中生活着丰富的硅藻、鞭毛虫、桡足动物和端足动物。在一年中的大部分时间里，它们一直以这里的细菌等微生物为食，并从小片冰中获取食物。在春季，当罗斯冰架底部的过冷水流入麦克默多湾时，片冰便得以形成。这种水没有生命，但它的影响却巨大而深远。冰晶无规则地在海冰下成形、聚拢，面积很大，增加了海冰生物群落的生存空间。如果某一年的冰层太薄，生物生存空间就会变得有限；如果过厚，则又会阻挡补给丰富营养的水流。理想状态下的冰层厚度为半米左右。水里的冰晶形成了锚冰，它像一条厚达 30 米的毯子一样盖在海床上。在此之下，由于压力过大，无法形成冰晶。锚冰和海床相互摩擦，断裂的冰块便携带着附着的生物浮至海冰处，并和片冰融合在一起。总的说来，能在这些区域的海底找到的一般都是海胆、海星、蠕虫、等足动物和鱼类等能够自由迁移的动物。

在 15~30 米深的水域，海葵、软珊瑚虫和海绵动物是整个生物群落的主要成员，但在 30 米以下的海域，生物种类更多。海绵动物生长缓慢，虽然在漫长的锚冰形成期会最终死亡，却为其他生物提供了主要生存和活动的场所：水螅长在海绵动物的顶部和侧面；羽毛管虫把它当作取食平台；鱼儿们或藏于其间，或在里面产卵；海星和裸鳃类动物（海蛞蝓）则以这些海绵动物为食。

春夏交替之际，锚冰开始融化，光合作用的加强

使得海藻迅速繁殖，进而覆盖了整个冰层的表面。虽然棕色泥浆阻挡了属于海底浮游植物的阳光，但依赖弱光的生物群落却开始繁盛起来。在罗斯冰架的北部前缘有一个冰间湖，这是长期或较长时间保持无冰或仅被薄冰覆盖的冰间开阔水域。每年，冰间湖都会逐渐破冰开口，被太阳加热的温暖海水溢向罗斯岛，并于 11 月中旬到达麦克默多湾东侧。这些较温暖的海水替换了原先的过冷水，使薄冰之下的浮游生物得以大量繁殖。同时，冰层也渐渐被温暖的海水融化，使其中的生物暴露于海面。

大多数生物连同浮游生物一并沉入海底，海底也因此变得生机勃勃。不过，生机勃勃是相对而言的，因为在水温接近冰点的海水中，所有的动物都行动迟缓，动作几乎无法察觉。

在麦克默多湾，每隔一小段距离就有完全不同的生物栖息地。在东边，从南方刮来的冬季季风携带着雪花沿着罗斯岛的迎风面一路落下，逆风面则不下雪。这样，和被冰雪覆盖的区域相比，春天的阳光可以更早地照射进这里的水域。大量的阳光穿过冰架下的过冷水还没有到达的地方，这些水域底部的硅藻开始繁殖，像棕色的垫子一样覆盖海底。这为专以藻类为食，偶尔也食用端足动物、海绵动物和蠕虫的南极海胆提供了食物。

海草也生长在这里，有一种生长在浅海区域，其他一些生长在水深 10~15 米处。它们含有海胆无法承受的毒素，但是海胆可以充分利用它们。海胆将海草撕碎，并将它们黏于自己的刺上。这样，一件抵御海葵等敌害的海草"外套"就做好了，海葵一旦触碰到海草，就会缩回自己的触手。借用第三者的毒素是一种超值的防御手段。比如，裸鳃类动物利用软珊瑚虫的刺细胞保护自己；处于自由流动状态的小端足动

上图　大量的海星和吻蠕虫栖息在海豹尸体上，并以此为食。巨型吻蠕虫长度可达 2 米，在很远处就能闻到食物的气味。

左页图　南极海葵被海冰裂缝中透进的光照亮。它们是贪婪的捕食者，能捕捉大型动物，如海蜇。它们也可以四处游动，以避免碰到它们身后的锚冰。

上图　一株巨型软珊瑚弯向一边，从海底搜寻食物。当珊瑚虫无法在水中找到食物时，它就会采取这样的方法弯向另一边。当它吃完周围的所有食物时，便会脱离所依附的物体，然后爬着并依附到新物体上。

右页图　海胆和海星以海藻和硅藻为食。很多海胆会将有毒的海草披在背上。海葵发出攻击的话，会因为碰到这些有毒的海草而游开；海草也因为附着在海胆上，可以接收阳光并四处移动。

物将长着"翅膀"的海蛞蝓放在背上，以防御鱼类的攻击。

麦克默多湾动物群落的一大特征是极度缺乏幼小的无脊椎动物，可能因为这里到处都是海星。海星从不挑食，海豹尸体、海豹排泄物、海绵动物和其他海星都是它们的食物。这种海星和南极海胆的统治地位在一定程度上也是其繁殖策略的结果。冬季末期，当

大部分动物在海底只产少量的卵时，它们却在水中产下大量的卵，并释放出大量精液。这意味着幼卵不会马上被活跃的其他海星和海胆吃掉。幼卵有一个有利的开端，之后以细菌为食，到了夏天则以藻类为食。

在麦克默多湾西边的探索者海湾，虽然条件恶劣，却有一个完全不同的动物群落。来自罗斯冰架的过冷水在这里常年存在，因此除了有淡水流入的海边区域，这里的冰从不融化，且厚度可达到 5 米。极个别地区底部的冰层可达 3 米厚，这降低了营养物质混合在一起的可能性。光线无法穿过，动植物的繁殖能力也非常弱。即使在夏天，罗斯海的海水流到这里，也不带有任何养分和食物，因为食物早被吃光了。

这里有由极细的颗粒泥沙铺就的海底和存在了数千年的冰川径流，是扇贝的最佳生活场所，成千上万的扇贝栖息于此。一到夏天，在浅海冰块融化的区域，

每平方米就有 85 只扇贝。在约 30 米的深处，扇贝密度下降，但大约每平方米也有 20 只。几乎没有什么可以影响扇贝的数量，因为这里连海星也很罕见。众所周知，过冷水不利于碳酸钙的形成，而扇贝的外壳主要由碳酸钙构成，所以它们很薄、很脆弱。在深海区，它们的成长速度较慢，体型也相对较小。

这种深度的海底，生存的典型动物是铅笔海胆、海蛇尾和有孔虫。有孔虫是在浅海区温暖海水中常见的单细胞动物，只能通过显微镜才能看到，然而在这里，它们却可以长到 1 厘米。其他两种是捕食者，它们会吃掉很多无脊椎动物的幼虫，包括扇贝的幼体。

另一种生活在此处的独特的无脊椎动物就是巨型软珊瑚。这种号称"深海珊瑚"的动物有 1.5 米高，珊瑚虫从水中取食，并收集水中的营养物质以及幼小的无脊椎动物。但是在这个水流几乎静止不动的地方，没有足够的食物，所以，巨型软珊瑚通过横扫四周来获得食物。它会改变珊瑚主干一侧的水压，以便弯向一边并可以接触到海底沉积物。珊瑚虫抓取该区域的所有食物后会直起身，然后弯向另一边，直到它捕食一整圈。更为神奇的是，巨型软珊瑚从不选择一个物体作为永久的依靠，它会脱离所依附的岩石或扇贝，像蠕虫一样，沿着海底爬向另一个有食物的地方。

极端的环境条件需要采取极端的策略。在如此寒冷的深海中，有着无数类似的奇特策略，而大多数我们还要继续观察才能知晓。

右图　由硬珊瑚和坚硬的碳酸钙骨架构成的珊瑚礁。像植物一样，珊瑚虫相互争夺空间和阳光，长成各种形状。该图主要展现了桌面珊瑚、鹿角珊瑚和安氏杯形珊瑚。阳光使得珊瑚虫体内的微小生物（甲藻）进行光合作用，并产生糖分和氧气，为珊瑚虫所用。

上图 有毒的火焰海胆上的一对伪装的科尔曼虾。它们只生活在火焰海胆上，除去火焰海胆上的一些尖硬突起作为它们生活的地方，而依靠其他突起来保护自己。作为回报，它们会清除宿主身上的岩屑和寄生物。这是珊瑚礁上许多共生关系中的一种。

左页图 生长在岩壁上的软珊瑚和茂盛的杯形珊瑚（绿色部分）。

珊瑚虫：繁忙的生物

有一类海洋无脊椎生物能够创造出巨大的结构，这种结构本身就是一种地质特征，并能和热带雨林一样为复杂多样的生物群落提供立体的生活空间。这就是珊瑚虫，一种生活于陆地和海洋交会处温暖海域的生物群体，它们多分布于赤道附近并环绕地球。

珊瑚虫在特定条件下才能生存，适宜的水温为18℃～30℃。因此，如果一股寒流侵入热带地区，例如洪堡洋流席卷科隆群岛，珊瑚的长势就会很差。同样，如果水温过高，珊瑚就会死亡。但暖流流入较冷水域，如在百慕大，墨西哥湾暖流环绕整个岛屿，

珊瑚礁却可以茁壮成长。珊瑚还需要附着在坚硬的物体上，并喜好有光的环境。所以它们要生活在浅海海域，海水中不能有太多沉积物，并且海水不会被陆地上汇入的淡水稀释。

珊瑚礁被誉为地球上最美丽、最多样、最复杂的生物群落之一，与生活在一起的许多物种发生了无数有益或有害的相互作用。珊瑚需要阳光维持生长，所以，和植物一样，它们相互争夺能接触到阳光的地方。有一些珊瑚生长得很快，并迅速长高、长大，遮住了生长较慢的珊瑚；有一些伸出很长的带有刺细胞的触手（刺丝囊）去攻击附近的同类；还有一些则伸出隔膜丝，吃掉离它们最近的珊瑚。通常，生长较慢的珊瑚更倾向于用有攻击性的方法来争夺空间。

生活在珊瑚礁上的许多物种都有着共生关系，有时双方都获益，而珊瑚也依靠这种互利的合作生存。每一只珊瑚虫都养育着甲藻。甲藻是一种单细胞生物，依靠阳光进行光合作用，产生出糖分和氧气为珊瑚虫所用；反过来，珊瑚也为甲藻提供二氧化碳、养分和安全的住所。少了甲藻，珊瑚就不能正常地分泌出碳

酸钙来形成珊瑚礁的框架。包括海葵、海螺和砗磲在内的其他无脊椎生物也为甲藻提供了住所。确实，少了这些植物，砗磲不可能长出如此大的壳。

礁栖甲壳类（蟹、虾等）动物也和很多生物——从珊瑚、海葵、海绵到软体动物和棘皮动物——有着此类关系。这些关系使得许多物种能共同生活在一个狭小的区域，但不是所有的关系都对双方有益。较小的一方可能是捕食者、寄生生物或腐食动物，以宿主的坏死组织为食，也可能只是为了寻求保护。

生活在印度洋－太平洋地区的火焰海胆有许多"小尖刺"，这给不幸碰到它们的潜水者带来巨大的痛苦。但这蜇人的尖刺却保护了许多生物，包括虾、海胆蟹和天竺鲷。载体蟹甚至会用背着火焰海胆或水母的方式来防备捕食者。

小而半透明的仙女蟹在夜间活动，因此很少见。它们的后背和腿上生长着小水螅，这是一种带有刺丝囊的树状群栖生物。这种生物起着重要的作用：它们从水中捕捉浮游生物，其中较大的浮游生物被仙女蟹据为己有。

清洁虾和它们的客户（通常是鱼）之间的关系为人们所熟知。清洁虾待在珊瑚礁上很明显的地方，用摇摆的滑稽动作吸引了许多鱼。清洁虾通常成对出现，许多鱼都可以成为它们的宿主。它们不仅以宿主的黏液为食，还以宿主身上所有的小寄生虫为食。它们的工作遍及宿主全身，边前行边咬咬这儿、咬咬那儿。

以上这些只是密集的礁栖群落中无数共生关系中的几种。这里的海洋生物之间的相互依赖是绝无仅有的，我们才刚刚开始了解，对它们和珊瑚群中形成的超凡生存策略仍然知之甚少。

第二章

神话般的鱼

地球上种类最多、分布最广的脊椎动物要数鱼类了。从山间的溪流到深不可测的海底，鱼类分布在地球上每一个有水的角落。迄今为止，人类已知的鱼类大约有 31 000 种（而哺乳动物只有 5 600 种），毫无疑问，更多鱼的种类还在等待被发现。

鱼类成功生存的秘诀在于 4 亿年前就已经演化出的基本构造——脊骨、鱼鳃、能咬合的上下颌和鳍。在那时，咬合式的颌和成对的鳍对它们来说有两大好处：咬合式的颌可以让它们所选食物的种类更多，可以让鱼类成为捕食者而不是海底食碎屑的生物，可以让它们的呼吸变得更有效，鱼类既然能够大口吞咽海水，就不用为了呼吸而终生都要向前游；而鳍连接的是灵活的脊骨，这不仅使它们前进得更有效，而且也更容易掌控力量。

鱼类游动的动力学机制很神奇。水的密度比空气大，阻力是快速运动的一个主要障碍。在水中能够游得快的最佳体型就是流线型，例如鲨鱼。随后进化出的游得最快的金枪鱼、枪鱼和旗鱼等，都拥有了结合强壮肌肉的推动力系统。

左图　丝尾鼻鱼用小小的嘴巴来寻找水藻和小动物。身体的颜色是用来伪装的（它在睡觉的时候能够伪装成一个棕色的泥团）。

左页图　条纹四鳍旗鱼以太平洋沙丁鱼为食。它是海洋中游得最快的鱼之一。

第 38~39 页图　大白鲨流线型的身体和发达的肌肉展现了一种古老且经典的鱼类的体型。大白鲨柔和地扭动着身体，从一边游到另一边，这种非常省力的方式实现了速度的最大化，也非常适合这种大型水生动物，而其特殊的皮肤构造也可以减少水的阻力。

但是决定一切的不只是速度，还有鱼类的居住环境和食物。精确的运动也很重要，这需要通过多种组合和不同方式使用鳍来实现。飞鱼之所以能飞是因为它有更长的胸鳍，在需要逃跑的时候鳍能够转换成翅膀。在澳大利亚，瘦弱的草海龙的脖子和后背上有振动得很快的小鳍，它像一个迷你直升机，能够精确地在其生存的海草和巨藻中移动，而草海龙的身体并不需要明显的运动。现代鱼类中，演化出的鱼鳔为鱼类提供了一个充气室，它能调节身体的密度来适应水的密度。利用鱼鳔，它们可以随意沉入水底或浮到水面。

无论是在盐水还是淡水中，即使是在巨大瀑布的顶部，也有虾虎鱼的栖息地，没有哪一片水域是它们无法进入的。虾虎鱼把它特殊的鳍作为攀爬工具。其他的像弹涂鱼，可以将鳍转换成走路的工具，它们在泥滩上可以自由生活，并能够在脱离水域的时候获得氧气。

这一章的故事就是关于鱼类在占据蓝色星球表面大部分水域过程中演化出的一些奇妙行为。我们之所以对鱼类如此着迷，不仅在于它们外形和行为的千变万化，还在于它们生活在一个我们只能短暂进入且知之甚少的领域。

鲷鱼

格拉登海岬位于伯利兹浅水域和加勒比海深水域的交汇处。一群群的赤虹在珊瑚丛中穿梭，许许多多的鱿鱼悬挂在长有珊瑚礁的浅滩中，就像一排排待命

下图　一群狗笛鲷在伯利兹堡礁中呈螺旋状往上游。这群鱼中有雄鱼，也有雌鱼，雄鱼追逐着雌鱼，而雌鱼正向上游去，以便在接近海平面的地方产卵。它们通常在月圆之后的夜晚这样活动。

右页图　一条鲸鲨朝海面游去，吸走了海面上漂浮着的鲷鱼卵。

的宇宙飞船。在有海草的海床上，生长着许多不同种类的海洋生物，还有很多在海草中生活的幼鱼，它们长大后会去更深的海底探索。

从这片绿宝石般的养育之地出发去海洋，海浪突然变得很大很高，形势也变得越发严峻。当太阳渐渐消失，黑夜来临时，你能感受到船底那深不见底的蓝色海洋并非毫无生气。在加勒比海大约60米的水面之下，鱼群活动最吸引人。从3月到6月，从白天到月圆的夜晚，大群的鲷鱼聚集在这里产卵。鱼群被分成了好几部分，不同种类的鱼分成不同的鱼群，狗笛鲷、双色笛鲷、蓝鳍笛鲷等，成群结队。在月圆的夜晚，在海水的30米深处就可以看见鲷鱼。基于一些隐藏信号，鱼群突然活跃了起来，它们开始行动。成百上千条鲷鱼组成的鱼群从一个主要的浅滩冲出，蜂拥般地盘旋而上。

雌性鲷鱼不停地跃出水面，每跃一次就会有雄性鲷鱼呼应，从而使精液混入雌性鲷鱼释放的卵中。在不断盘旋而上的过程中，雌性鲷鱼通过扩大鱼鳔达到将卵释放出身体的目的。雌性鲷鱼到达接近水面15米时就会释放出成千上万枚卵，然后雄性鲷鱼就会释放精子，海水也迅速变为奶白色。随精子释放的油脂在海面上形成一片类似网球场地的光滑且平坦的区域，这是鲷鱼在水下活动的结果。突然，一条鲸鲨从浑浊的水中向上移动。这是世界上最大的鱼，但它这次是为了吃卵，而不是吃鱼。

鲸鲨是滤食性动物，通常以捕食浮游植物和磷虾为生，但这种庞然大物每年都会成群结队地聚集在格拉登海岬捕食鲷鱼卵。它们不需要游上前去捕食，当鲷鱼产完卵后，鲸鲨就将身体立起来，并大口吸水，所吸入的每一口海水中就会有上万枚卵。

在月圆之后的10天里，每个夜晚，这种情形都

会再现。刚开始的时候，雌性鲷鱼身体鼓鼓的，里面全是卵，但随着时间的推移，它们变得越来越瘦，动作也没之前那么迅速了，最后鼓胀的腹部渐渐消失。鲷鱼也许是在等待潮汐能将卵传播得更广。在10天之内，这些雌性鲷鱼会产下上百万枚甚至上亿枚卵——这个数量对那些鲸鲨和其他捕食者来说还是太多，最终有上百万枚卵可以存活下来。当畅游在海洋中时，这些鲷鱼宝宝还会面临无数的挑战，只有很少一部分能存活长大。届时，它们将继续这样生存并成为格拉登海岬的一道风景线。

通过长距离攀登实现涅槃

夏威夷群岛的诸多岛屿位置偏远。它们离最近的大陆海岸线大约3 862千米，是由火山爆发推挤形成的，海拔高于太平洋海域，且现在仍然在火山的推动下增高。遍布岛屿的河流既短又陡，瀑布从悬崖飞泻而下流到海里，就像是连接着河流和海洋的水幕。

群岛距陆地非常遥远，而且从地理角度来说，群岛存在的历史并不久远，因此岛上的淡水区有生物栖息的可能性非常小。但是岛上生物以不可思议的生活方式弥补了物种数量缺乏的遗憾。当地的鱼只有5种，

上图　一条在岩面上缓慢而稳定地向上攀爬的虾虎鱼正在休息，它在攀爬的过程中会利用嘴和吸盘。等待它的奖赏就是瀑布上方的栖息地，那里捕食者相对较少。

左页图　在从海水到峭壁的马拉松式攀爬中的虾虎鱼。它身体下方的腹鳍融合成一个吸盘，在向上攀爬的过程中，它就用吸盘吸在岩石上。

其中 4 种都属于虾虎鱼。这类鱼的腹鳍融合成一个吸盘，虾虎鱼利用这个吸盘吸在岩石上，吸盘在它们的早期生活中起着非常重要的作用。

孵化后，虾虎鱼幼体会向下游游去，游到海洋里，加入成千上万的浮游生物的大军。它们在海水中进食，经过数月的成长，身体长到 10~25 毫米，然后再游回岛屿中的淡水中，在这里度过它们的成年时光。起初，它们要游回淡水河流的下游并不费力，但到了内陆地区，它们就会碰到艰巨的挑战——陡峭的夏威夷瀑布，一些瀑布有 122 米多高。这时，虾虎鱼的吸盘就派上用场了。

虾虎鱼集中在瀑布的边缘，瀑布溅落在岩石上形成了连续的水流或小溪。一条虾虎鱼开始向上爬时，给其他虾虎鱼提了个醒，它们都开始向上爬。攀爬时它们有着不同的策略，有些虾虎鱼会选择从瀑布边缘慢慢往上爬，有些则轻跳出水面，然后落在岩面上，用吸盘吸在岩石上。不管是什么策略，它们都各自开始了神奇的旅程。

现在它们必须使用攀爬技巧。一些虾虎鱼会利用嘴和吸盘像毛毛虫一样在岩石上一寸一寸地慢慢向上移动。这种缓慢而稳定的方法可以使虾虎鱼在休息之后爬行很远的路程。当需要休息时，虾虎鱼会在岩石上找一处相对平整的地方或凹陷处停下。有的虾虎鱼有着更惹眼的攀爬方式，它们有很大的胸鳍，并以胸鳍为桨做出蝶泳的动作，辅之以整个身体和鱼尾的摆动。它们在水中奋力游动，这些虾虎鱼比像毛毛虫那样攀爬的虾虎鱼速度更快。

如果你站在某个瀑布的上方，脚下的水源源不断地飞驰而下，似乎永不停息，水在岩石上反弹发出雷鸣般的轰隆声，在这样的环境下，谁会知道正在攀爬的虾虎鱼中有多少条最后能爬到顶端？但可以肯定的是，爬到顶端的虾虎鱼足够支撑这个物种生存下去。

那么它们为何一定要如此费力地向上爬呢？瀑布上面是它们的天堂：这里是一块繁衍地，有着极少的捕食者和竞争者。这也是鱼类为了找到一块可栖息的生态位而不辞辛苦一定要到达那里的典型例子。

珍贵的卵和细心呵护的草海龙爸爸

总的来说，鱼类有一个很大的优点，就是能够利用海洋里的每块栖息地，其中不乏一些人造结构。例如澳大利亚南海岸人工码头周围温暖的浅水区，这里就栖息着海马、鱿鱼、河豚、蝠鲼和瞻星鱼等鱼类。鱼儿在这里轻快地游来游去，这里甚至出现过大白鲨——可能因为当地海豹数量很少，所以它们才巡游到这里。

码头周围生长的海草丛为很多生命提供了保护，其中就包括童话中的鱼类——草海龙。它们的外貌特征和鱼很不一样，鳍的摆动很慢，没有明显的动作，然而这种缓慢的移动却可以很好地将它们隐藏在和它们外形相似的海草和海藻中。它们主要吃小的甲壳动物，比如糠虾。草海龙徘徊着接近虾群，然后像吸尘器一样一个个地吸住它们。零星出现的几只草海龙可能是被虾群吸引来的，但在 10 月和 11 月，草海龙大规模出现则是为了交配。

它们交配的前奏是舞蹈，当一天结束，光线渐渐暗淡时，草海龙模仿着对方的动作。夜幕降临，成对的草海龙隐退在黑暗中，没有人知道究竟发生了什么。草海龙不会向海里喷射数目可观的卵，而是一天 24 小时细心地守护。它们的卵不像海马一样放在育儿袋

右图　一只雄性草海龙与刚产下的卵。这些卵从血管中获得氧气。将卵随身携带可以使它们 24 小时受到保护。草海龙会依靠伪装来避免被捕食者发现。

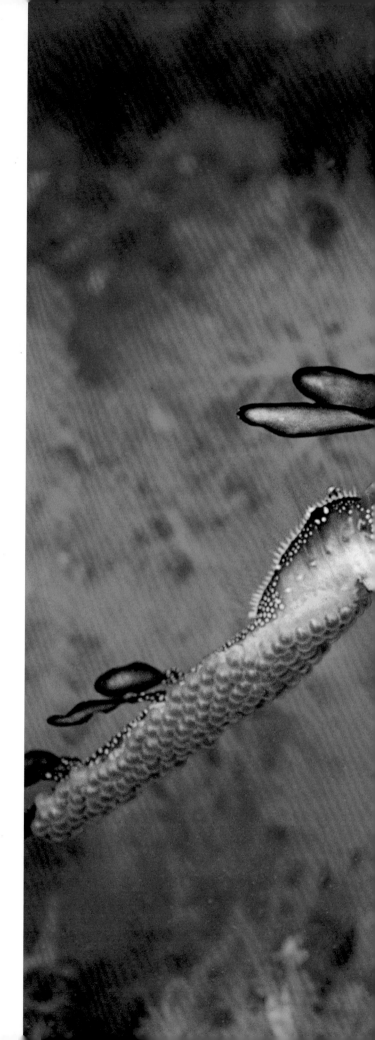

中，而是放在雄性草海龙尾巴的海绵状组织里。这就限制了它们能照料的卵的数量，最后大约会有120枚卵出现在草海龙交配前形成的孵卵组织——育卵托上。到了早上，草海龙会将紫色的卵一列列地黏在它们的尾巴上。接下来的几个小时，它们会尽力伸直尾巴好让所有的卵排列起来，身体向一侧游动，仿佛由于那珍贵的负担而变得失去了平衡。

草海龙在育卵托上的卵会在一个月内孵化，有时它们会借助长在身上的海草丝做掩护。当草海龙的卵开始孵化时，雄性草海龙会摆动它们的尾巴以帮助释放出小草海龙，这样小草海龙就可以游走，然后在澳大利亚南部靠近海岸的水域自己生存下去。

大口吸气和在泥滩中打滚的冠军

对鱼类来说，可能没有几个地方比潮汐带的泥滩环境更为艰苦的了。盐度的极端变化和在泥土上行走是主要的难题，但最大的挑战还是长期缺水。弹涂鱼可以采用两栖生活方式利用这块肥沃的生态位生存，但仍需要做出重大的改变。它们的皮肤虽然可以帮助自己呼吸空气，但是仍然需要改变自己的鳃以锁住水分，因为在泥土中时它们的鳃部紧闭。它们会用胸鳍帮助行走，像拐杖一样。它们所获取的食物从蟹、苍蝇等无脊椎动物到泥土中的藻类和微生物，如硅藻，在这里很少有生物和它们竞争。

关于这些神奇的鱼类在如此严酷的环境下生存，我们需要了解的还有很多，但是最近关于广东弹涂鱼的研究给了我们一些很好的启发。像大多数弹涂鱼一样，广东弹涂鱼用它们的嘴挖出一个洞，它们会在白天退潮时躲在这里，以躲过捕食者和一天中最毒辣的太阳。最重要的是，这个洞是它们产卵的安全地，能够避免将卵暴露在危险的海水中。雄性弹涂鱼通常会挖出J形洞穴，J形洞穴的顶端会低于海平面20厘米。洞里的海水含氧量非常低，而卵非常需要充足的氧气来完成成长和孵化，为了解决这个问题，雄性弹涂鱼做了一些非常聪明的改进。一旦雄性弹涂鱼把雌性弹涂鱼吸引到洞穴中，雌性弹涂鱼就会将卵产在向上翘起的那头的洞壁上，这时雄性弹涂鱼会在那里使它们受精。之后雄性弹涂鱼就变成了这些卵的护理员。受精能够成功的关键在于产下卵的J形洞穴的末端有空气包，但是这个空气包并不会存在很长时间，所以雄性弹涂鱼会在退潮时在洞口处大口吸进空气，再游进洞中，然后将空气吐在"育婴室"。

六七天后，卵开始孵化，但是它们需要在夜幕下进行，因为这时周围几乎没有捕食者。为了在正确的时机孵卵，雄性弹涂鱼要在夜晚等到涨潮，它们吸出洞里的空气，之后洞穴被海水淹没。卵一旦被淹没在海水里就开始孵化，而弹涂鱼的下一代也就自然而然地出现了。

右图　一条雄性广东弹涂鱼在它的洞口处大口吸空气，然后将空气带回"育婴室"。

下图　背部布满蓝点的大弹涂鱼有着更炫目的鳍，它们跳跃起来，一方面宣示对这块有着丰富营养泥滩的所有权，另一方面也是为了吸引雌鱼到它们的洞穴中。如果受到其他雄鱼的挑战，它们会为了争夺最佳产卵地而进行决斗。

左页图　新生的小草海龙。它们从孵化出来后就开始独立生活，它们有卵黄囊以保障紧急时刻的食物供给。

漂浮与飞行

在离加勒比海多巴哥岛岸边 48 000 米的海面上漂浮着大量颜色暗淡的棕榈树的残枝败叶。这些叶子在海上已经漂浮数月了，早已成为很多海洋生物的家——一个在巨大海洋中的避难所。但是现在有鱼类来到这里，要利用这些树叶作为产卵的温床。

成千上万条飞鱼集中在这些树叶下产卵，这种行为是疯狂的，很快这些树叶下就聚集了大量的鱼类。在加勒比海，飞鱼会在 1~5 月集中产卵。它们不会将卵产在洋流中，而是将卵贮存在海面的漂浮物上。树叶的下面是理想的产卵地，很快下面就有一丛又一丛的卵，树叶成为一个巨大的漂浮着的"育婴床"。

但是这种活动并非不为"人"知。徘徊在飞鱼群四周的有剑鱼或鲯鳅，它们有着发达的肌肉，力量惊人，背鳍从头后部一直延伸到整个背部，镰刀似的尾巴使它们的游动速度非常快。如果它们想捕食产卵的飞鱼，速度是必须具备的。

一条鲯鳅快速追赶着飞鱼，试图找到一个可口的牺牲品。但是飞鱼火速前进，有力地摆动着尾巴，在水面上跃起，并很快在水下消失了。水面上我们能看到的就是一条飞起的鱼。

飞鱼有着长长的胸鳍，伸展开来就像翅膀一样，

能将水中的鲯鳅远远地甩掉。当飞行势头减缓时，它们会在水面上滑行，然后用力地甩动几下尾巴，并推动身体向上移动，大而平坦的腹鳍起到稳定身体的作用。飞鱼像这样能够滑行 50 米，并远远地逃出捕食者的狩猎范围，这对水中的鱼来说是一种奇特的逃跑方式。

本页图　有着闪亮翅膀的飞鱼跃出水面，它们展开鳍，能够滑翔到安全地带。正在追赶它们的是捕食者——鲯鳅。鲯鳅游动的速度非常快，但仍不是这些飞鱼的对手。

右页图　一群飞鱼在大量的棕榈叶下产卵，雄鱼释放它们乳白色的精子为雌鱼附着在叶子下面的卵受精。大量的树叶成了一个漂浮着的"育婴床"。

白条锦鳗鳚家族的奇特生活

在鱼类的世界中，很少有比西南太平洋白条锦鳗鳚的家族生活更奇特的鱼类了。成年的白条锦鳗鳚大约有 50 厘米长，形状看起来像鳗鱼，它们一生都生活在珊瑚礁附近的洞穴中。神奇的是一对白条锦鳗鳚和成千上万条幼鱼组成家庭，小白条锦鳗鳚过着完全不同的生活，它们每天离开家去寻找食物，移动起来就像是一个巨大的生命体。

洞穴可能会有 4 个入口，每个入口都以扇形的沙质材料作为标记。观察几分钟后你会发现，这些材料是由白条锦鳗鳚父母从洞内吐出的沙子和一些珊瑚碎片组成的，这都是它们不断辛勤扩建和清理残留物的结果。在白天，因为沙子不断被潮水和洋流推进洞内，清理工作几乎是不间断的。在一天内，就有 3 千克的沙子被白条锦鳗鳚父母收集并吐出洞外。

拂晓时分，第一条小白条锦鳗鳚出现在洞口。它们不像成年白条锦鳗鳚一样身上有斑点，而是从头部到尾巴有两条黑色的条纹，两条黑色条纹之间是白色，所以也像身侧有一条白色条纹，故得名。第二条小白条锦鳗鳚也出洞了，然后是下一条，很快游出十条、上百条甚至上千条。这些像蛇的鱼组成的鱼群宽度可以达到一米，它们向开阔的水域游去。

这些小鱼以开阔暗礁上的浮游生物为食，作为一个整体，它们有时会形成一个滚动的球，有时又游出一个其他的庞大形状。这是一种反击捕食者的防御法，也是一种安全措施。它们很像生活在同样区域的另一种有毒的鱼——鳗鲇。这种鱼也是成群移动的，这种无毒物种在形态、行为等方面模拟有毒物种，从而获得安全上的好处的现象在生态学上被称为贝氏拟态。

小白条锦鳗鳚一天都在暗礁处进食，傍晚时分回

上图 一条大白条锦鳗鳚正不间断地用嘴清理沙子。同时，小白条锦鳗鳚正四处游动着等待进食。

右页图 一群小白条锦鳗鳚正在吃海洋微生物。它们的父母永远不会离开家，那么成年白条锦鳗鳚究竟以什么为生呢？会是吃它们的孩子为生吗？

到洞中。它们鱼贯而入，就像水下有个入水孔。晚上，小白条锦鳗鳚用头部的黏液悬挂在洞顶上。事实上，白条锦鳗鳚的洞顶上有成排的黏液的痕迹。

很明显，从安全角度考虑，幼鱼在它们父母辛勤挖的洞穴中受益很大，但是受益的可能不仅仅是它们。关于成年白条锦鳗鳚最大的谜团就是它们以什么为生，因为它们从未离开过这个洞穴。它们也许从白天所移动的沙子和珊瑚中获取食物，例如无脊椎动物和微动物群，但是检查它们胃里的食物时却并没有发现这些东西的痕迹。成年鱼也可能靠幼鱼的粪便或它们分泌的黏液为生，或者是幼鱼反刍食物给它们吃。那么，这些成年鱼有可能吃它们的孩子吗？

关于这些白条锦鳗鳚和很多其他种类的鱼的生活还有待发现。因为人类在水下观察研究的时间有限，我们研究鱼类生活奥秘的机会并不多。但是这也激发了我们对水下生命的好奇心，很多奥秘正等待着我们去发现和探索。

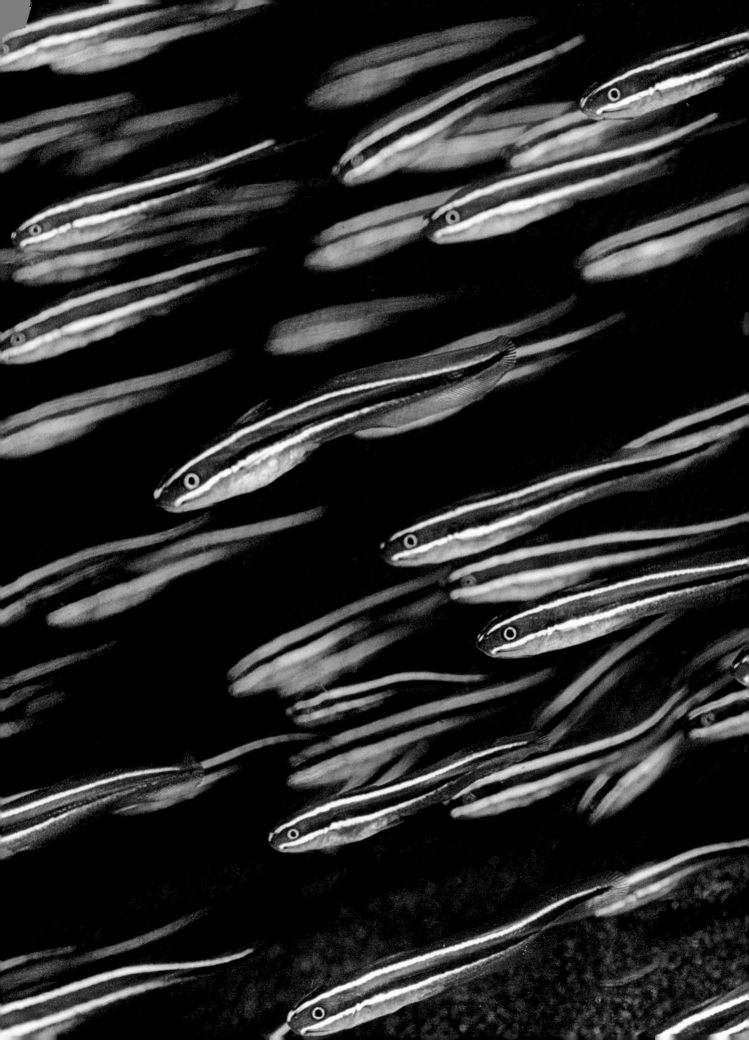

第三章

生命力旺盛的植物

植物和动物一样，一直处于各种斗争中，它们不仅要和同类争夺资源和配偶，还要应对捕食者。虽然植物也会和同类合作，不过这通常都是具有欺骗性的，或者是处于寄生状态，但在一些情况下，它们也需要捕食。我们之所以没有注意到这些引人注目的行为，首先是因为我们理所当然地认为植物的根生长在地下，所以它们必然是毫无生气的；其次，植物的活动非常缓慢，因此我们很少注意到。事实上，正是缓慢的进程才成就了它们的成功，同时也让我们了解了它们。如果以植物的视角来看待，你将会关注到一个既复杂又奇妙的充满各种活动的世界。

就像其他生物一样，植物之间要互相争夺水分和养分，但是争夺最激烈的则是阳光。没有阳光，就无法进行光合作用，就无法生长，所以植物会尽一切所能争取更多的阳光。例如，一株向日葵幼苗会随着升起的太阳的位置而转变方向，在太阳升起的时候固定朝向，以获得尽可能多的阳光。在争夺阳光的过程中，植物展示了它们最具敌意的一些特

左图　大王花内昆虫的视角。大王花生长在婆罗洲的沙巴州上，是世界上花朵最大的植物。巨大的花朵其实是一种陷阱，凭借散发出的腐肉的气味，专门吸引甲虫和苍蝇，然后将它们关起来，在这些昆虫完成授粉后再将它们放出去。

左页图　法国南部的向日葵。它们始终面向太阳以吸收尽可能多的能量，既为了进行光合作用，又为了使它们的种子成熟。

第54~55页图　拍摄于1月1日英国达特穆尔高地上由风雨雕刻的古老橡树林。每个树干、枝叶和岩石上都覆盖着蕨类植物、苔藓和地衣。

右图　生长在加利福尼亚怀特山区的狐尾松有着几千年的历史，它们是地球上最长寿的一种生物。这里环境严酷，几乎没有其他植物生存，所以植物之间的竞争很少。但是寒冷、多风又干旱的气候意味着狐尾松生长得很慢。

征和强大的适应力。攀缘植物会利用其他植物，尽力使用卷须、吸盘甚至钩刺攀上其他植物的茎或树干以获取阳光。

植物会利用阳光来推算时间的流逝。它们知道春天、冬天或者是干旱季节什么时候来临，以决定什么时候开花、什么时候结籽或者什么时候凋谢。它们是时间大师，可以对时间精准把握并用触觉感知——它们卷须的尖端甚至比人手还要敏感，可以用来对付动物。捕蝇草甚至会数数，它们使用高度敏感的感觉毛来决定什么时候关闭捕食夹。

植物也是很聪明的操控者。植物和为它们授粉的动物之间的关系看起来可能是平衡的，但是深入观察我们就会发现，通常植物更占上风。从一开始，植物就控制着所产花蜜的量，因为如果产太多的花蜜，传粉者就会很容易满足，不会再到其他植物那里寻找花蜜了；如果产得太少，传粉者就不会光顾；如果植物产的花蜜的量正合适，传粉者就会不停地在花朵之间采蜜（当然，它们飞走的时候也会带走花粉）。植物的花蜜既可以足够吸引传粉者的光顾，又可以使自己生存下去。

在每块陆地栖息地上都可以看到植物，甚至是一些没有动物的地方也有植物。它们在陆地上生存的时间比动物要久远，有的植物生存的时间可以追溯到5亿多年前。今天如果撇开地球上数量最多的生物——细菌不说，植物就是世界上最大、最高、最古老的物种。每一种陆生动物都直接或间接地依赖着植物生存，所有的肉体实际上最终的来源都是草。因此，植

物往往是动物的主宰，并按照它们的意愿操控着动物，而不是无助的受害者，仅仅为动物提供饲料。

对抗逆境最好的办法：长寿

在美国西部的怀特山区，冬至太阳升起时，一棵孤独的树在雪地上投下了一年中最长的影子。这就是狐尾松，它们已经存活了很多年，而其中的一棵以4 740岁的高龄称得上是地球上活着的最长寿的树了。

在埃及人开始建造金字塔时，狐尾松还是小树苗，公元1年，它才开始成熟。这棵狐尾松和它的后代生活在加利福尼亚东锯齿山海拔3 048米的地方，这里环境非常恶劣：极寒，干旱，土地贫瘠，土壤呈碱性，环境恶劣到差不多只有狐尾松能生活在这里，这对它们的生存是个严峻的考验。

对狐尾松而言，时间呈现出不一样的维度。狐尾松的生长速度极其缓慢，100年的时间树干直径才能增加2厘米左右。最大最高的狐尾松能长到18米。

这些树在最优越的环境中反而很容易在1 500岁（算是"幼年"）时夭折。树龄真正很长的树所处的生长环境都很恶劣，生长季节大约每年只有60天，要遭受160千米/小时的狂风洗礼，以及只有25厘米的年降水量供给。大约1 000年后，不出意外的话，这些狐尾松都被蹂躏得不成样子了。但是这也让我们了解了狐尾松的生存策略。据说，狐尾松长寿的秘诀就在于它们要耗费相当长的时间才能死去。

树龄少于几百年的小树看起来十分与众不同。它们有着油亮的红棕色树皮，枝叶整齐而密集地排列着，树枝上的松针闪闪发光，并呈螺旋状优美排列，整个树枝的顶端看起来很像狐狸的尾巴，狐尾松也就由此得名。

狐尾松在 4 000 多年的生命历程中所遭受的风沙洗礼在它们身上留下了很多可怕的疤痕，这让它们看起来半死不活。最老的狐尾松基本上没有几个活着的枝杈，也没有完好无损的树皮。对 12 米高的狐尾松来说，仅仅依靠几片活树皮来存活是很正常的。存活的组织如此小，因此只需要很少的营养和水，再加上能存活 30 年的松针，由此便可以保证狐尾松能活下去，而且几乎不需要消耗什么资源。

我们很难了解到底是什么导致了狐尾松的死亡。这些老树木质结实，富含树脂，所以实际上它们并不会受到蛀木昆虫和真菌的影响。因此，即使它们死了，也可以完好地保存数千年而不被腐蚀，只是被风沙冲刷的外皮惨白惨白的。它们如此坚韧，就像岩石一样难以被侵蚀。它们的长寿和几乎无法摧毁的特质使得狐尾松成为自然界中的奇迹。同样，这也使它们成为研究冰期末期气候变化历史的宝贵的自然档案。狐尾松树干中每个年轮之间的间隙都向我们展示着它所经历的每个夏天的干旱和气温之间紧密的联系。研究这些活着或死亡的狐尾松，我们有可能追踪到近 1 万年来气候变化的连续记录。

地球上生长速度最快的植物

我们有可能目睹草本植物的生长吗？在世界上生

长最快的一类植物——竹子身上，这是有可能的。竹子是一种普通的草本植物，全球有 1 500 多种，有的竹子很矮小，有的竹子很高大，还有的竹子直径可以达到 23~25 厘米，超过 25 米高。有时候它们的生长速度非常快，有时候却又格外缓慢。

竹子从地下的根茎开始生长，要么生长成密集的竹林，要么在地下长成长达约 6 米的地下茎，随着时间的推移，这些地下茎会长成遗传背景一致的竹林。竹子的生长很奇特，它们不像大多数植物那样长出娇嫩的枝叶，而是在下面长出了粗实的竹笋。随着它们的生长，竹笋的基部却并不会变粗。它们的尖端是一些紧密重叠在一起的叶鞘，覆盖着一定数量的竹叶，由竹叶包裹着的这些结就像是收音机能够伸缩的延长天线那样向外生长。而且，竹笋只会在春季生长，大概只持续几个月，所以，要长成 30 米高是很不容易的。竹子的快速生长可能是为了适应和充分利用森林里不同的光层，当然这只是推断，没有人知道确切原因。

相对于快速生长，竹子的有性生殖则需要一些时日才会进行。一些种类的竹子一生可能只会繁殖一次，而且要在萌发 100 多年后才会这样做。不过，一旦竹子开始有性生殖，它们不但会恣意地繁殖，而且会和其他同类同时开花，这种习性被称为"集体开花"。

我们曾经以为所有种群中同一物种的所有个体都这样，现在才知道，大规模的开花仅限于某些局部种群。

集体开花对种子来说更重要。一棵竹子可能一生只能结籽一次，但是产生大量的种子可以弥补这一缺陷。人们曾发现，一片 33 平方米种植同品种竹子的竹林可以生产 136 千克的种子，这些种子至少能长出400 万棵竹子。

竹子之所以如此高产可能是为了击败种子捕食者——生产的种子要远远超过吃种子的动物的消耗量，从而保证自己的生存。但是竹子为什么只结籽一次，我们还不得而知，可能是因为要生产这么多的种子需要耗费很多营养，而这么多营养它们一生只能积攒一次。当然，这种繁殖方式会耗尽竹子的营养，并导致它们死亡。但是一旦一棵热带的竹子种子生根，就会在短短的 45 天内长出一根完全成熟的茎干。

那么，竹子的生长速度究竟有多快？刚竹属的桂竹保持着最高的纪录，它可以在 24 小时内长到 1.2米高，这种生长速度是肉眼可见的。所以你真的可以看到草在生长，只要这种草是竹子就行。

古老的龙血树的生存技巧

如果萨尔瓦多·达利喜欢生物插画，那么索科特拉岛的龙血树大概是他最喜欢的主题。龙血树的树冠形状（像由内向外翻的雨伞）以及树叶的形状和颜色，使龙血树成为一道陆地奇观。从龙血树树皮渗出的血红色树脂，也为龙血树蒙上了一层超现实的面纱。唯一生长着索科龙血树的地方是同样神奇的索科特拉群岛，这个群岛号称"阿拉伯海上的加拉帕戈斯群岛"。索科特拉岛位于也门海岸线上，是至少一千万年前阿拉伯半岛和非洲大陆分裂时，非洲的一小块陆地

上图　索科龙血树非常适应这里炎热干旱的陆地环境。漏斗状的枝杈和沟壑状的树叶能够收集水分，水分可以沿着树叶流到根部。如果龙血树受到损伤，树皮会渗出血红色树液——"龙血"。

右页图　索科特拉岛严酷的陆地面貌。奇特的沙漠玫瑰，树干像膨胀的水瓶，在龙血树旁生长。这两种植物只生长在这个阿拉伯群岛上。

漂浮在海上形成的。长期以来，这里作为一个独立的海岛而存在，许多独一无二的物种在这里繁衍着。这里的环境是残酷的，也是史前的，而且这里被赤道附近的太阳炙烤着，土壤贫瘠，多沙多石。然而这里的峭壁和沟壑却由于生长着香料作物——乳香树和没药树——而芳香十足。遍布于索科特拉岛的另一种陆地植被就是索科特拉沙漠玫瑰，这种玫瑰从岩石中长出来，没有根也没有叶，粉红色的花朵生长在又短又矮的树干顶端，树干因储存大量的水而肿胀。在山区，能使沙漠玫瑰黯然失色的就是索科龙血树。龙血树有6 米多高，极其适应这里的严峻环境。考虑到这里的气候，我们理解了龙血树的生长速度为什么非常缓慢的一些原因。实际上，它们要经过大约 200 年的时间才能完全成熟。

虽然岛上非常干旱，但是山区偶尔也会有福泽，

那就是海雾，还有一年两次的季风降水。龙血树的树冠形状会充分利用每一滴水，它就像一个巨大的漏斗，向上延伸接收着雨水。它们尖尖的叶子就像水沟，向上弯曲着，树叶厚厚地叠加在一起，所有聚集或落在叶子上的水都直接流到树冠的中部，水在这里汇集，并流到根部。肥厚的肉质叶子外面包裹着一层蜡质角质层，这样既可以减少水分流失，又可以加速水在叶子表面的流动。树冠很浓密，所以在雨停后太阳暴晒的时候，树冠可以起到太阳伞的作用，遮蔽自己的根部。

下图　西番莲紧紧盘绕的卷须。一旦卷须确定宿主，它们就会快速盘绕，开始朝一个方向，然后又朝另一个方向，这样就绕出一个强壮的"减震弹簧"。

右页图　婆罗洲的绞杀榕利用另一棵树作为支撑向上攀爬以获得阳光。当它的种子在宿主上发芽后，它们会让根部长到地上，渐渐地环绕树干，最后将宿主绞死。

龙血树是一种神奇的植物，而且是一个由千百年来没有变化的景观和气候共同塑造的完美物种。

施毒、绞杀和反向扭曲

植物有很多方法可以在争夺阳光的战役中取胜，比如比对手生长得更快，长出更大的树叶，绞杀对手甚至含有剧毒，但是最主动的一种方法可能就是利用竞争对手的身体向上爬。

攀缘是一种很合算的策略。让别的植物来做支撑，攀缘植物只需长出更多的叶子，且不用再耗费能量去长出强壮的茎。攀缘植物会利用身上的每一个部位依附在宿主身上，比如，美洲常青藤会利用它们的根部，忍冬的茎可以快速缠绕其竞争对手的茎部，还有一些植物会将它们的叶子变成长长的带有钩子或黏性垫状物的灵活卷须。在所有的攀缘植物中，

最优雅的便是西番莲。当它寻找其他植物向上爬时，生长在茎部的卷须会四处挥动寻找连接处。这些卷须对触碰非常敏感，但同时又挑剔得让人吃惊。如果卷须抓到一个感觉很滑且无法固定的地方时，它们就会松开，然后继续寻找一个更容易抓牢的地方。一旦对选择的固定地感到满意，它们就会快速绕着宿主的茎干向上攀爬，开始朝着一个方向盘绕，然后朝另一个方向盘绕，就像绕出了一个弹簧。这种盘绕法有两个好处：一是可以作为减震器避免连接处断裂；二是可以使西番莲的茎干拉得更贴近宿主，这样其他的卷须就可以轻松地牢牢抓住宿主。

数十年来包括查尔斯·达尔文在内的观察者都对西番莲盘绕过程中的方向转变非常感兴趣。植物学家称之为自由盘绕，但是数学家却称之为"颠倒扭曲"。这个过程很值得研究，因为它创造了一种不那么扭曲的弹簧：顺时针盘绕一部分，然后再逆时针盘绕，两个部分相互抵消，这样净扭曲为零。对一种植物来说，两端固定的卷须如果想呈弹簧状，颠倒扭曲是唯一的办法。

空气动力学的奇迹

差不多所有植物的根部都在地下，这使得植物拓展新领地成为问题。虽然植物自己不太可能主动移动，但是可以通过别的方式扩大领地，那就是传播种子。植物进行繁殖和开拓新领地需要的所有遗传信息都蕴含在种子内部。

差不多有多少种植物就有多少种传播种子的方法：搭顺风车式的黏附传播、风力传播、水力传播、伞降式飞行传播、螺旋下降式飞行传播、滑翔式飞行传播，甚至还有弹射式飞行传播。其中飞行传播种子

上图　一枚翅葫芦种子。虽然它看起来很简单，却是空气动力学的奇迹。这简直是一个长距离飞行的滑翔机，有着"失速－俯冲－高飞"的独特飞行模式。

右页图　婆罗洲沙巴州的翅葫芦是一种爬树藤本植物，垂挂在它们的母体植物上。足球大小的果实内部充满了数百枚极薄的能滑翔的种子。

最壮观的植物当数婆罗洲森林中的翅葫芦，它也被称为爪哇飞行瓜（又称爬藤葫芦）。翅葫芦是一种藤本植物，它会沿着树干向上攀爬以获取树冠顶部的阳光。它结出来的果实有足球那么大，里面有数百枚果翅极薄的种子，堆到一起就像纸牌。成熟之后，果实就会裂开，风一吹，里面的一些种子就会随风飘散。每枚种子都像纸一样薄的滑翔机，有着 13 厘米长的果翅（种子本身只有几厘米宽）辅助飞行。种子飞起来后，开始会快速地俯冲一段距离，然后便缓缓地呈螺旋状下落。

种子飞行的路程取决于它们起飞的高度、风力条件和一些障碍物，但是它们能飞出让人吃惊的距离。树冠的高度可以使这种滑翔式飞行传播种子的方式变得有效。然而有时候，翅葫芦的种子会采用一种不同的飞行方法，在滑翔过程中，种子可能会像飞机失速一样突然向下俯冲。这样做的时候，种子会聚集足够

的速度从而产生升力，这样它们就可以在再次失速前快速上升一米左右，然后再重复这个过程。观看翅葫芦种子有节奏感的"失速－俯冲－高飞"的飞行非常有趣，而且值得期待。它们看起来就像天空中遍布着透明翅膀的蝴蝶，而且可以飞得很远。

实际上，滑翔式飞行传播在自然界中是很罕见的。大多数飞行传播种子的方式要么采用伞降式飞行传播，要么采用螺旋下降式飞行传播。滑翔式飞行传播之所以罕见，是因为平稳飞行是很难的，这使得翅葫芦种子更为特别。空气动力学分析显示，其种子上有飞行器设计专家称为机翼上反角的外形，这样种子果翅尖端比种子本身略高，就可以保证稳定性。果翅尾部边缘也向上翘起，这样种子在突然失速、遇到气流或撞到枝叶时就能重新飞起来。极轻的果翅和低滑翔角度使翅葫芦种子成为所有飞行种子中最具独创性的一个。

让人印象深刻的是，飞行先驱们在翅葫芦种子身上获得了早期飞行设计的灵感。伊戈·埃特里希在1904年用竹子和帆布做成了翅葫芦形状的无尾滑翔机。这架滑翔机的改进版本开启了人造飞行器的首次真正飞行。

随风奔跑的花

非洲灯台百合是植物界的蜉蝣，它们大多数时间都过着隐居生活，只有在繁殖的时候才会短暂而华丽地现身。南非西开普省卡鲁地区一个奇特的栖息地中，生长着灯台百合。就像这个地区很多其他植物一样，灯台百合已经非常适应卡鲁这个极具挑战性的环境。这里常年高温，降水量非常少，雨期也很短，且降雨大多在短暂的冬天或随着冬天的暴风到来。

冬天见到的灯台百合就是四片肉质叶子铺在地上。就像一只张开翅膀的巨大的绿色蝴蝶。但是在地面之下的土壤里，葡萄柚大小的鳞茎正在汲取叶片提

供的营养。这种有策略的营养储存方法使植物可以在炎热干旱的夏季生存下来。

短暂的春天过去，夏天来临，气温开始急剧上升，土壤被炙烤着，叶片也开始萎蔫。现在，一切都要仰仗秋天的雨水，这些进入休眠状态的植物也急需一场疾风暴雨来帮助它们恢复生机。如果2月中旬降下甘霖，植物就会开始苏醒，差不多正好在这场暴雨之后的3周，土壤就会被花序刺破，成百上千的灯台百合花序开始出现，显然，它们是同时出现的。

灯台百合的花朵长得非常快，它们的生长速度快到好像你眼睁睁着就会改变形状。灯台百合的花是球形的伞形花序，总花梗较为粗壮，小花为管状花，呈深粉色，一片灯台百合聚在一起就像成百上千个足球大小的粉色棒棒糖。它们有着极其漂亮却看起来有点奇怪且不合时宜的色彩，与周围环境格格不入。这些狭窄的管状花以由浅渐深的粉色精心地排列着。它们对

上图　盛开的灯台百合。这些花从地底深处的鳞茎长出来，并快速生长，其大量出现是由于暴雨。黄昏时分，这些明亮的粉红色的花朵用花蜜吸引夜蛾授粉。

蜜蜂不太有吸引力，但是当夜幕降临时，敏锐的夜蛾会来吸食花蜜，并同时为花朵授粉。

炼狱般的高温使花朵在几周之内就枯萎了，但是一旦花朵已经授粉，就开始形成种子。这些粉红色的"棒棒糖"会变成干巴巴的噼啪作响的种子——蒴果。可以想象一下豌豆大小的种子被风一吹就沿着腹背缝线裂开的样子。但豌豆种子是荚果，灯台百合传播种子的策略要更高明一点儿。风确实在这个过程中扮演着重要角色，但不是简单地将种子从种皮中震出来，而是总花梗折断，将整个结种子的花序球吹起，然后球状物随风滚动，边滚边播撒种子，并和其他数十个球状物一起在开普山坡上传播种子。

上图 灯台百合花序变成随时滚动的种子传播者。

下图 成熟的种子。它们一接触土壤就开始萌发，在炎热的夏天来临前，它会充分利用土壤里残存的水分。

在这短短的生长季节中，每一天都至关重要，所以种子本身还要适应这里的地貌环境。这被园艺学家称为顽拗性种子（它们不能被贮存，没有休眠期），意思就是它们一接触地面就开始萌发。在这种植物首次钻出地面之上1个月之后，新一代的灯台百合就开始了周而复始的生命循环。

有计算能力和诱惑力的捕蝇草

苍蝇的反应能力几乎是所有动物中最快的——从准备到起飞只需要20毫秒，但是它们却沦为动作更快的猎手的猎物。植物的动作一般都很慢且难以察觉，但是维纳斯捕蝇草的动作却非常快。

就像大多数食虫植物一样，捕蝇草是为了适应湿润和酸性环境，在这样的环境中，它们很难从土壤中获得对生长非常重要的氮元素。和一般的食物链迥然

上图 捕食夹紧紧地关闭了，然后再次打开。当苍蝇连续快速地触碰两根感觉毛之后，捕蝇草会收到一个化学信号，它会马上关闭捕食夹。猎物被困，并慢慢地被捕蝇草分泌的消化酶溶解。一旦捕蝇草完成进食，捕食夹就会再次打开，昆虫的外壳则随风飘逝。

左页图 致命的捕食夹上面有感觉毛。苍蝇被分泌在叶子边缘的花蜜吸引，现在它至少已经触碰了叶子内部6根极其敏感的感觉毛中的1根。这只苍蝇的大限将至。

不同，这样的植物成为捕食者，要从动物身体中获得氮元素。捕蝇草的捕食夹是一片叶子，也被称为"捕虫叶"，这片叶子随着生长会发生神奇的变形。首先，叶子膨胀起来就好像充气了一般，然后从一侧裂开，叶片能像蛤蜊一样打开，继而两边开始长出绿色睫毛状的刺毛，内侧的表面开始长出坚硬的薄薄的绒毛，其中有数对细长且敏感的"感觉毛"。这些感觉毛就是能将捕食夹关闭的触发器。最后需要的就是诱饵：在叶子的边缘生长着一些小蜜腺，位于刺毛基部，它们能分泌出苍蝇无法抗拒的糖液。捕食夹已经准备好了，只需等待苍蝇送上门来。

正在觅食的苍蝇闻到花蜜的味道会渐渐靠近，为了能接近蜜腺，苍蝇要通过捕食夹的入口，接着它就会碰到捕蝇草的感觉毛，但这时捕食夹还不会关闭。苍蝇会停下来，可能是为了清洁它的口器，然后向前移动一点儿，在此过程中它会快速连续地触碰捕蝇草的两根感觉毛。突然，捕食夹的入口处啪的一下就关

上了，像眼睫毛一样的刺毛紧紧地闭合在一起。苍蝇无法逃脱出去，当它挣扎时，捕食夹会越闭越紧，密闭形成一种叶质的胃。接下来轮到植物开始进食了。捕蝇草会分泌一种能将苍蝇消化的酶。消化后的苍蝇体液被捕虫叶吸收，最后只剩下了空壳。现在捕蝇草又重新设置捕食夹，并将苍蝇的体液吸收进细胞内，然后将捕食夹入口打开。最后一个令人毛骨悚然的动作就是将苍蝇的空壳"吐"出去。

精确计算感觉毛被触碰次数可以避免误报。要两根感觉毛快速连续地被触碰到才关闭捕食夹，能增加捕到大小合适的昆虫的概率，而不是只捕到小蚊子，或避免遇到更糟的情况，如被静物碰到捕食夹。如果遇到一只小昆虫触碰到了感觉毛，那么捕蝇草还有一个大小过滤器。在捕食夹彻底封闭之前还有一个短暂的停留期，这使一些小昆虫可以从刺毛形成的格栅间爬出去。如果太小的猎物离开了，感觉毛也没有再受到什么刺激，捕食夹会再次打开，重新设置。

这是获得氮元素的一种有效策略，但是有一个缺点，那就是捕蝇草开花时需要昆虫帮助授粉，所以捕蝇草也需要同盟者。那么它们如何避免将这些昆虫吃掉呢？当捕蝇草开始开花时，就可以回答这个问题了。捕蝇草的花长在长长的花柄上，离那致命的入口足够远。授粉昆虫可以飞得高高地、安全地去采蜜、授粉，而不会被下方的捕食夹所引诱。

第四章

富有创造力的昆虫

　　许多研究无脊椎动物的学者都认为，昆虫统治着地球。他们认为，当今时代是"哺乳动物时代"的观点简直就是不可原谅的，而且历史上也从未出现过"爬行动物时代"。他们还认为，昆虫时代开始于 4 亿年前，比哺乳动物和爬行动物出现在地球上的时间要早得多，而且现在仍然没有结束。虽然这个论点很难被证实，但是如果从数字上来看，你会发现昆虫的数量和种类的确非常惊人，它们对自然系统的影响也是非常深远的。现

上图　一只南美大头蚁举着一只昆虫的头。南美大头蚁有着绝佳的视力，能够快速追上猎物，用它们类似弹弓的有力的"铁"嘴抓住猎物。它们的头部能够像哺乳动物一样左右摇摆，十分神奇。

左页图　一大群南非褐色拟飞蝗聚集在一起。当条件合适时，会有上百万只蝗虫被繁衍出来，它们释放出一种传递信息的化学物质[1]，将单一的散居型个体迅速改变为群居型蝗虫。一周之内，它们会长出翅膀，成为祸患。

第 72~73 页图　一只雄性智利长牙锹甲（也被称为"达尔文甲虫"）。它们巨大的武器是由上颚或下颚塑造而来的大颚，用来将对手从枝杈上撬起来或甩下去。

[1] 2020 年，中国科学院动物研究所康乐院士团队确认，东亚飞蝗的关键信息素是 4- 乙烯基苯甲醚（4VA）。——编者注

上图　在柬埔寨，一只小寄生蜂正用巨大的后足整理它的产卵器（产卵针），它的腹部向后抵在翅膀上。长度只有 1.5 毫米的它刚刚从螳螂卵中孵化出来，随后它同样会将自己的卵产到螳螂卵中，在那里卵会发育成更多的小寄生蜂。

左页图　来自圭亚那的孔雀螽斯完美地展示了翅膀的另一个用途。平常状态下，它的翅膀好像枯叶一样，但是如果捕食者测试它的伪装，它就会快速扇动那巨大的像假眼一样的翅膀，这一举动足以吓退一只没有经验的鸟或蜥蜴。

在已经被命名的昆虫大约有 100 万种，人们对昆虫种类的估算从 400 万种到 4 000 万种不等。即使是最保守的估计，昆虫的种类也是哺乳动物的 888 倍。每个人一生中可能会接触到 2 亿只昆虫，每平方千米的居住土地上会有 30 亿只昆虫。昆虫在生态系统中所起到的作用是无法估算的。以蜜蜂为例，一个蜂群里的工蜂每个季节可能会往返花丛数百万次。即使人们所收获的蜜蜂授粉的农产品只有几种，产值每年也能高达 500 亿美元。

昆虫的秘密在于它们的身体能够呈现多种体型，在动物界中它们的行为也是无与伦比的。它们如此灵活是有多种原因的，但首先是由于它们的外骨骼。昆虫的外骨骼不同于哺乳动物的骨骼系统，后者有一套坚硬的支架，肌肉和内脏附着其上，而前者的外骨骼是包裹在肌肉和内脏之外。外骨骼的主要成分是几丁质，这是一种类似于塑料的聚合物，有着同塑料一样的可塑性，有时十分有弹性，有时又可以像金属一样坚硬。昆虫的柔软部位是可以重塑的，这样昆虫就可以用身体的某些部位创造工具。智利长牙锹甲的巨大武器就是它们扩大和重塑的大颚。捕食性昆虫——螳螂的祖先应该是有正常的前足的，但是现在的螳螂，前足是肌肉非常发达、类似捕兽用的齿夹的武器。昆虫的翅膀就是外骨骼外折在一起。生活在水面上的豉甲的每只复眼都是一分为二的，看上去像有两对复眼，这使得它既能看到水下，也能看到水上部分。

这种重塑身体的能力的一个最大特点就是一个生

77

命周期可以分为四个完全不同的发展阶段，就好像是四种不同的生物。在每个阶段中，身体只塑造成它们需要的样子。每种成分、每个动作都不是多余的，这样远比只有一个身体但需要完成所有事情有效得多。例如，蝴蝶的毛毛虫阶段（幼虫）就是负责吃，不需要翅膀或是成年时其他复杂的感官系统。它们就是食物处理器，在3周内它们的体重会增加一万倍，通过迅速贮存足够的营养以成长为成年昆虫。

能够使昆虫在地球上如此成功的另一个主要因素就是它们能够灵活地运用化学物质。各种各样的昆虫为了自卫而释放化学物质，会发育出喷嘴、喷射器、中空式的纤毛等器官。昆虫也利用信息素之类的化学物质互相交流。雌性飞蛾可能会有特别的可扩展器官来传播外激素，雄性飞蛾则有着类似电视天线的复杂羽状触角，可使它感知到几千米外的气味。信息素是社会性昆虫复杂组织的基础，每个种群有上百万只个体。外激素决定着食物的采集以及复杂的巢穴建造，能够召集种群一起应对捕食者进行大规模的攻击。但是昆虫却有一个很大的局限，就是它们的外骨骼只能在小范围内活动。昆虫如果长到人类大小会需要一个特别厚重的外骨骼，这样它们的身体就没有多少空间可以容纳内部的器官了。昆虫将体型小变成一种优势。由于体型小，消耗能量也很少，因此当碰到很多资源时，它们就能够形成大规模的种群。一个蚂蚁巢穴可能居住着几百万只蚂蚁，一个蝗虫群体可能有500亿只蝗虫。一对苍蝇作为祖先在短短的两年内繁衍的苍蝇可以组成一个直径为8 000米的苍蝇球。不过如此恐怖的场景并不会出现，因为苍蝇的捕食者会使苍蝇的数量减少，而这些捕食者主要是其他昆虫。

讽刺的是，可能由于昆虫很小，导致人们认为它们不可能是世界的统治者，然而真正的原因是它们的外骨骼决定了它们只能这么小。

豆娘重要的一天

昆虫在3.3亿年前就开始了在地球上的飞行，那时它们已经统治了这块土地7 000万年。现在，它们也占据着空中领域。由于它们的身体和行为能够随着新环境的改变而做出变化，因此它们翻开了演化史上一个新的篇章。其他的动物也会牺牲一对肢体而演

下图 铜色豆娘正密切寻找着苍蝇和蚊子。这一天温暖到适合豆娘捕食，这一天也可能是豆娘化为成虫后的唯一一天。但是之前它们在溪水中作为稚虫已存活了两年，那两年是它们进食并成长的阶段。

右页图 成年豆娘生存的高潮就是交配。雄性豆娘抱着雌性豆娘，用它腹腔的尖端从生殖孔取出精子包，并将其放在腹部的阴囊中，雌性豆娘就可以从这里收集精子。

化成翅膀，但是昆虫的做法更有效率。它们的翅膀是从外骨骼的褶皱中产生的，可以被塑造成各种各样的形状。

天空也迅速变成一个生态系统，像陆地生态系统一样复杂。昆虫的翅膀就像一个多功能的工具箱，这样昆虫就可以很快地从一个地方移动到另一个地方。它们的翅膀可以摆脱捕食者，也可以使它们成为捕食者。翅膀也可以是多彩的，这样昆虫彼此之间就可以以翅膀为标志。

豆娘和它的近亲蜻蜓都是相对古老的昆虫，几百万年来外形上几乎没有发生变化。它们完美地诠释了有翅膀的昆虫如何利用陆地和天空进行三维的生活。豆娘在水下作为稚虫生存约两年，在不断地进食并长大后，会变成一只有翅膀的成年个体，但它仅仅能够存活几天。在阳光并不好的夏季，可能只有一天足够温暖，但这足以让豆娘产卵，繁衍后代。这是充满挑战和危险的一天。

铜色豆娘居住在欧洲南部的溪流处。科学家已经深入地研究了它们，它们的日常生活也被研究清楚了。清晨升起的太阳将凝结在成年豆娘身体上的露水烤

干，它们的体温开始升高，一切即将开始。这个时段很危险，因为小鸟会在草丛和芦苇间跳来跳去，吃掉一些不活跃的昆虫。一旦达到能够飞行的温度，很多豆娘通常会成群地飞落在小树枝或青草上俯视着下面的溪流。从这里它们可以观察到自己赖以为生的小苍蝇和蚊子——它们眼睛的反应速度比人类快6倍。

当豆娘起飞后，它们的加速度和空中移动的准确性在动物界中是数一数二的。它们那6条长着刚毛的足组合在一起形成篮子状，将空中的猎物扫进来。一些豆娘可能在飞行时撞到路线上的蜘蛛网而成为蜘蛛的猎物。能够成功捕食并生存下来的豆娘就可以开始这一天最主要的工作了。

雄性豆娘会建立领地来吸引异性。领地的完美地点就是由水草包围的小植物。雄性豆娘会落在植物上，用它们铜绿色的翅膀吸引雌性靠近，它希望用这些优质的水草吸引雌性豆娘可以在上面产卵。但是好的领地是很稀少的，因此会有其他的雄性豆娘前来争夺。这时守卫领地的雄性豆娘就会飞起来，用翅膀面对自己的对手。它们的翅膀就好像旗子一样可以变换不同的角度，用亮丽的颜色向对手发出警告。如果这招儿

左图 青蛙从近处捕捉豆娘。青蛙是成年豆娘的主要捕食者，豆娘在忙着交配或产卵的时候，青蛙就用能伸缩的舌头抓住它们。

右页图 一只雌性铜色豆娘。雌性豆娘的体型和体重都比雄性豆娘要大，它们的腹部孕育着成百上千枚卵。在腹部末端是产卵器，产卵器具有一些能在植物茎叶上挖洞的"利齿"，雌性豆娘会将卵产在这些挖好的洞里。

不管用，它们就会在空中缠斗。双方都试图将对方推到水中，溺死的情况也是经常发生的。

当守卫领地的雄性豆娘观察到雌性豆娘靠近时，它们的行为就大不相同了。雄性豆娘会围绕着雌性豆娘飞，它们的翅膀每秒可扇动 50 次，比平常快 3 倍，这样雌性豆娘就可以感知到雄性豆娘的强壮。豆娘只在流动的水中繁衍，雄性豆娘落在水面上，从雌性豆娘身旁飞过，向雌性豆娘展示着它们完美的速度。如果雌性豆娘接受了雄性豆娘，就会扇动翅膀，然后它们会一起飞到水草茂密的地方进行交配。

雄性豆娘用腹部末端的抱握器紧紧地抓着雌性豆娘的头部后面，然后雌性豆娘将腹部弯曲成接近半环状，直到腹部的尖端碰到基部。因为雄性豆娘的交尾器位于腹部前端，靠近胸部，故雄性豆娘将自己的精子包转移到交尾器。雌性豆娘将腹部向前，用产卵器将精子包接住，这时它们的身体呈心形。但是在雌性豆娘获得精子前，雄性豆娘会刮擦雌性豆娘，将雌性豆娘之前的配偶留在它们体内的精子清除掉。这个时候其他潜行的雄性豆娘会攻击它们，试图将正在交配的雄性豆娘赶走。雄性豆娘之间会相互缠斗和撕咬，甚至将对方的一部分翅膀或者整只足撕下来。

对豆娘来说，更大的危险潜伏在水下，因为青蛙最擅长捕捉正在交配的豆娘或正在产卵的雌性豆娘。青蛙从水中一跃而起，发起进攻，迅速地伸出叉状舌头将豆娘从空中拖拽下来。

如果一对豆娘能够躲过鸟类、蜘蛛、青蛙和其他豆娘而存活下来，那么产卵就开始了。雌性豆娘会落在一根水草茎上，然后回到水中，雄性豆娘就在附近保护它。雌性豆娘的整个身体都会潜入水中，薄薄的一层空气气泡包裹住它，使它看起来是银色的，然后它用产卵器割开植物的茎，开始产卵。

产卵完成后，雌性豆娘就会顺势漂浮在水上。当它试图起飞时，它的翅膀可能会由于水表面的张力黏在水面上而飞不起来，这时它的处境非常危险，随时有可能被水下的龙虱和划蝽攻击。无论是否可以逃脱，活到充满挑战的明天，它都已经活得足够长了，而且已经产下了自己的后代，这些后代最终又会产下更多寿命短暂的豆娘。

携带化学武器的"战士"和尖叫的老鼠

无脊椎动物中更值得注意的是那些成为"行走的化学武器"的昆虫。它们外骨骼的某些部位被重塑成了中空式的刚毛、毒刺或能够旋转的喷射器等，这些都能够喷出一些令猎物相当不舒服的物质。有时候它们喷出这些物质是为了自卫，有时候是为了降服它们的猎物。

这些化学武器的使用范围相当广泛，让人印象深刻。蚂蚁能释放甲酸；放屁虫（射炮步甲）身体内部有个化学工厂，非常神奇，它能够准确定位目标，射出沸腾的毒液；巨型天蚕蛾毛毛虫的毒刺中有着很强大的抗凝剂，会致人死亡；竹节虫能喷射类萜；蜘蛛能吐出毒液。这样的例子还有很多很多，但是就全面性来说，很少有动物能赶得上蝎子，就连昆虫也是一样。蝎子并不是昆虫，但它属于蛛形纲，与昆虫关系密切。蝎子也有外骨骼，也会使用含有神经毒素的毒液征服猎物，这些神经毒素能够影响猎物的神经系统，导致其瘫痪。有些蝎子并不对人类造成影响，但是也有一些蝎子，例如以色列杀人蝎（以色列金蝎）是可以致人死亡的。在抗蛇毒血清发明以前，美国南部和墨西哥地区每年都会有上千人被墨西哥雕像木蝎蜇死。

虽然蝎子的视力很差，但是它们有很多其他的感官能够准确定位或者确定猎物与危险的方向和距离。蝎子有两个器官能够触到地面，跟踪气味的运动轨迹。一是蝎子附肢上细小的感觉毛和缝隙能够感受到地面的微小震动，以帮助它们感知到猎物或危险的距离。二是前触肢上特别的感觉毛能够感知到空气中物体的运动，从而准确判断物体的方向。蝎子尾部的毒刺能够任意挥动，戳向它们的捕食者或猎物。毒刺的尖端含有从食物中获取的微量金属元素——锌和锰，毒针非常锋利，能够刺穿捕食者或猎物坚硬的表皮和角质层，然后射进毒素。

大多数时候蝎子看起来都是所向披靡的，但在美

国西南部的夜晚，蝎子就会碰上它们的劲敌，这个劲敌既没有毒，也没有盔甲在身，它就是体重仅为 14 克的食蝗鼠。食蝗鼠是沙漠中最凶猛、行动最快的捕食者，它们和沙漠毛蝎（亚利桑那厚尾蝎，这种蝎子在该地区体型最大）之间的战役和非洲平原上可能发

上图 食肉动物食蝗鼠，发出尖叫声用来警告对手，连装备十足的蝎子都对其退避三舍。

下图 食蝗鼠盯住了一只沙漠毛蝎。它的目的就是先咬掉毛蝎充满毒液的尾刺，然后将其杀死。但是毛蝎很聪明，它挥动着尾刺，要蜇进攻者。食蝗鼠对毒液有抵抗力，但是毛蝎的反攻让它无法靠近。

生的任何事情一样，非常具有戏剧性。

食蝗鼠有着一些非常不像老鼠的特点。它们除了吃肉，几乎很少吃素食，从蚱蜢、甲虫到蚂蚁和蝎子，都是食蝗鼠的盘中餐。它们需要保卫自己赖以生存的相当大的领地，所以必须非常勇猛。它们会用后腿站立，扯开嗓子发出刺耳的尖叫声。这个声音能传出 200 米远，可以到达它们领地的最远边界。这种声音既用来警告妄图侵入领地的外来者，又用来吸引异性。

捕食时，食蝗鼠采取的策略和大型捕食者一样：先跟踪猎物，然后突然蹿上去，一口咬住头部，猎物

就无法动弹了。大多数猎物很快就会屈服，但沙漠毛蝎并不会马上束手就擒。

面对食蝗鼠的进攻，毛蝎会将含有毒液的尾刺高高地竖起来，然后凶猛地刺出去。食蝗鼠就像拳击手一样后退闪避，扭动并摇晃着身体。但当食蝗鼠要撤退时，毛蝎的尾刺才会划过食蝗鼠的头部和身体，并不会对食蝗鼠造成伤害。

有时毛蝎会用尾刺蜇到食蝗鼠，但食蝗鼠会持续攻击。毒液可能会导致食蝗鼠疼痛，但并不致命，因为食蝗鼠对其所在地区的蝎子类群的毒液是有抵抗力的。可能这种抵抗力一部分是天生的，遗传自母亲，然后在它们同毛蝎的战斗中不断强化。这使毛蝎非常被动，因为它们无法依靠自己最主要的武器取胜。它们所能做的就是让食蝗鼠无法接近，但是食蝗鼠有专门的攻击策略来对付毛蝎。食蝗鼠尽力抓住毛蝎的尾刺根部，而不是直接进攻其头部。毛蝎也毫不示弱，它们之间的这场战斗几乎是势均力敌的。一旦毛蝎出

现疲态，食蝗鼠会马上抓紧时机，将毛蝎的尾刺咬掉。如果遇上非常强壮的毛蝎，这场战斗可能会持续很久，最后食蝗鼠可能会撤退。

蝎子在地球上已经生活了至少 3 亿年，它们的形态基本没有发生变化，这也证明了它们的尾刺是一种非常有效的防御手段，即使是食蝗鼠这种比较特别的捕食者也可以对付。

兢兢业业的母亲最后的付出

哺乳动物和鸟类之所以能成功，一个主要原因就是它们在养育后代的事情上所耗费的时间和精力。昆虫在这方面采取的是更基本的方法——产下卵后，弃之不顾。它们依靠产卵的数量取胜，在成百上千枚卵中，只有少数能够长大为成虫，物种就这样延续下来。在一些非常艰难的条件下，这可能是灾难性的，这个时候昆虫就会采取让亲代耐心抚养的措施，这也体现了昆虫行为上的灵活性。通常这种抚养是短时间的，只有很少种类的昆虫物种在抚养后代时会达到哺乳动物的程度。

有一种分布在日本南部九州岛森林中的昆虫，身上有着鲜艳的红色和黑色相间的图案，它就是日本朱土蝽。对这种昆虫的描述首次出现于 1880 年，但是在之后的 100 年里它都默默无闻，随后以令人惊讶的复杂生命史为大家所熟知。它们仅依赖一种不可靠的食物来源为生，即铁青树科中的一种树的肉质核果。这是导致这种小虫子生活方式复杂的原因。

日本朱土蝽主要依靠落下的核果为生。核果什么时候落下要取决于天气状况，但只有 5% 的核果的成熟程度适合这些虫子食用。好像还嫌不够麻烦似的，这种树又给这些虫子带来了另一个挑战。雌虫需要计

下图 日本朱土蝽集中在一起形成一个很大的红黑色团状物，仿佛在告诫它们的捕食者：这个东西味道不怎么样。当抚养小朱土蝽的时候，雌虫会停止团队合作，而且会从其他的雌虫那里偷取食物。它们也可能为了整个朱土蝽群落的发展而做出最后的牺牲——把自己的身体作为食物给小朱土蝽吃。

算好产卵的时间，以便当它们的宝宝孵化出来的时候，
恰好是它们赖以生存的核果掉落的时候。雌虫给它的
孩子找的藏身地点是落叶堆中留下的天然空隙。因为
铁青树的叶子掉落的时间并不相同，所以果实掉落的
地方是暴露在外的，因此，雌虫必须找个离果实掉落

下图　日本朱土蜣雌虫不遗余力、毫无保留地照顾自己的
孩子。每天，它们都要外出寻找成熟的核果来让它们的孩
子尽情享用。核果可能离它们落叶中的巢穴有好几米远，
而且重量是它们体重的 3 倍。它们必须将每个核果拖回巢
穴里，还要在半路上防止其他的雌虫抢走核果。

12 米以内的地方作为巢穴。如果日本朱土蜣和其他昆虫一样，其幼虫不得不爬行很远去寻找食物，这样小朱土蜣就会暴露在空地上，这很有可能会被捕食者吃掉。所以雌虫别无他选，只能替孩子们觅食。

日本朱土蜣雌虫会和卵待在一起，保护它们免受捕食者的侵害，主要是防止步甲的捕食。如果步甲靠近巢穴，它们就会将翅膀抵在身体上，发出刮擦的声音，同时将背部朝外形成一个屏障。如果这样还无法吓退步甲，它们就会带着自己的卵逃跑。这种保护行为并非不同寻常，其他的朱土蜣也会这样做。但是当卵孵化时，事情就会变得很有趣。雌虫必须找到合适的核果，在长途跋涉到树下时，它们可能会花费几个小时找到它们心仪的核果。它们会将口器伸进核果中，并将其拖走。这是一项艰巨的任务，因为核果的重量是雌性日本朱土蜣体重的 3 倍。然而很不幸的是，它们的艰难坎坷才刚刚开始。因为合适的核果很少，所以有些雌虫会攻击那些找到核果的其他雌虫，而不是自己花时间去寻找合适的核果。拖着核果的雌虫可能会同时遭到 6 只雌虫的攻击，这会导致一场拔河比赛式的拉锯战。即使是最终的胜利者，也很发愁如何将核果拖回它的巢穴。不管在外面的行程如何曲折，它们总是能按照直行的路线回到巢穴中。它们会记住树冠上的可视标记，并将它们作为地图，从而找到最短的路线。

看到新核果，等在巢穴里的小朱土蜣便一拥而上，这个核果很快就被消灭了。随着小朱土蜣的成长，雌虫必须不断地提供新的核果。要成功地抚养一窝幼虫，需要 150 枚核果，每一枚都来之不易。然而并不是每只雌虫都是如此兢兢业业的工作，有的雌虫会从其他巢穴中偷取核果。在一些好核果比较少的年份，当有的巢穴没有辛勤劳作的主人保护时，这些雌虫就会从这些巢穴中偷走核果。

如果能克服这些困难，雌虫就等于给它的孩子提供了充足的食物，直到它们能够独立。但是小朱土蜣还有着自己的"小算盘"。当发现自己的生母无法给它们带回充足且质量好的核果时，它们就会离开原来的巢穴。它们会找到一个新巢穴，这里的雌虫会提供给它们足够的核果。虽然这让"养母"的工作负担加倍，但这些"养母"还是会欢迎这些新来的小朱土蜣。这看似减轻了它们的生母四处寻找核果的负担，但是这些生母对食物的渴望是如此强烈，所以仍然会像原来一样不断寻找食物，并将未吃过的核果堆积在空巢穴中。但是"养母"的结局更悲惨。好不容易将这么多的小朱土蜣抚养到它们能够独立，它们却恩将仇报——养母就是小朱土蜣离开巢穴前的最后一餐。

右页图　雌性道森无垫蜂最后一次离开巢穴，不久就会死亡。所有地下洞穴旁边的出口都被封上了，每个洞穴里都有一些食物和一枚卵。

下图　雌性道森无垫蜂正在返回红黏土小台地的地下洞穴中。它的目标就是将每次采来的花粉和花蜜贮存在地下洞穴中，幼虫靠此为生，并在这里长成成年蜂。

内陆的蜜蜂：争强好斗和投机倒把

很多昆虫由于身体的韧性和超强适应环境的生活方式，可以在最恶劣的自然环境下生存繁衍，但是这也意味着为了生存它们必须采取一些不寻常甚至很致命的策略。

无论从哪方面看，澳大利亚西部地区都非常偏远，且自然环境非常恶劣。在通向海岸的半路上有一片辽阔的地区——肯尼迪山脉地区，砂砾岩体中含有的生物化石显示，这里原本是一个浅海盆地。随着时间的推移，海盆逐渐抬升，直至西部地区变成一个很大的高原，继而又被侵蚀成现在峡谷的样子，岩壁的形状五花八门，令人目眩。高原的东部是一片险峻的不毛之地，即使是和澳大利亚西部其他地区相比，这里也是很荒凉的。但是这里的一些细节却弥补了地貌上的

不足。

这个地区最显著的特征是"红黏土小台地"——下雨时在低洼处会形成小水塘，水分蒸发后，留下一片台球桌大小的平整黏土地。徘徊的袋鼠或鸸鹋有时可能会在这黏土小台地上留下脚印，就像混凝土变硬之前在其表面留下的印迹一样。一些小台地呈圆形，另一些则凹陷下去，很像一些国家在地图上的轮廓。这里没有水源，没有植被，甚至没有阴凉处，这里成了整个肯尼迪山脉最不适宜生存的地区。

但是在一年中最炎热的一段时间，成百上千个小金字塔会在小台地上悄然出现。仔细观察，可以看到很多白蜜蜂在周围嗡嗡地飞，偶尔还可以看到一只白蜜蜂绕着小金字塔上方盘旋，突然又从视野中消失，感觉这里就像是一个繁忙的直升机机场。这些小金字塔就是澳大利亚最大、最漂亮的一种蜜蜂——道森无垫蜂或泰迪熊无垫蜂（蜜蜂科无垫蜂属），用挖掘地下洞穴时挖出的土堆积而成的。

生活在这里最不确定的一个因素就是需要极端的生存策略。无垫蜂已经发现了一个在炎热的土地上挖洞的聪明办法。它们从哈克木（山龙眼科）、喜沙木（玄参科）和北部野风信子等这里能找到的为数不多的花上采集花蜜堆在这里，用蜂蜜软化黏土，这样就可以挖下去。雌蜂先向下挖，再向侧面挖，几天后，这里便形成了有分支的洞穴网，然后它们采集花蜜和

花粉，将之贮存在侧面通道尽头的球状死角处。每枚卵都被产在"育婴室"尾端潮湿的泥土堆上。用来孵化的洞被封上后，雌蜂的工作也就完成了。卵先孵化成一只幼虫，依靠这里储存的食物为生，下一个季节则会羽化成无垫蜂。

道森无垫蜂几乎能够以百分之百的准确率找到自己的小金字塔，这有可能是它们记住了洞穴附近的一些小景物。但是偶尔它们也会搞错，无垫蜂进入错误的洞穴中时，就会出现空中相撞事故或发生短暂的领地争端。它们并不像蜜蜂一样进行社会性生活。这些小台地就像是通勤者居住的小区，这些居民都十分繁忙，没有时间和它们的邻居交往。但是这个和谐"大都会"的建立确实相当不可思议——每一个建造者都是雌蜂。这个故事的起因很暴力。

雄蜂比雌蜂早 1~2 个月从地下洞穴中钻出来，这

个时候小台地还没被它们挖的洞破坏。这些雄蜂有的大，有的小，它们依靠花蜜为生，然后不同体型的雄蜂会采用不同的策略。较大的雄蜂在小台地上巡逻，较小的雄蜂则消失不见了。

随后，雌蜂逐渐开始在地下羽化，并挖掘通往地表的通道。在雌蜂挖出一个通向地表的小口时，附近的雄蜂就可以闻到它的气味，从而发现它。雄蜂会停到出口处等着雌蜂把洞口挖开。如果运气不错，其他雄蜂可能会在其他地方忙碌着，但通常它们也会很快赶来。雄蜂之间争抢雌蜂的竞争非常激烈，通常第一个到达的雄蜂会尽量倒退飞行以阻止新来的雄蜂落地。但是如果最先到的那只雄蜂被包围了，其他的雄蜂就会紧跟着降落下来，这只雄蜂别无他法，只能奋起反抗。

在动物世界中，同物种的生物很少会在打斗中将同伴杀死，但道森无垫蜂却并不遵守这个规则。雄蜂之间互相争斗，在黏土上滚来滚去，所用的武器就是它们的螯针和强有力的颚。一只雄蜂很有可能会被更凶猛的同类进攻、击退，或者受重伤甚至被杀死。如果竞争的雄蜂很多，会有十多只雄蜂滚成一个球，它们扭打在一起，不分青红皂白地攻击彼此。每只雄蜂都尽力使自己在雌蜂从洞口爬出来时，处于洞口的优势位置，这样就可以将雌蜂拖到小台地的边缘，并在灌木的掩盖下进行交配。但是如果争抢的暴力事件失控，雌蜂也会被卷入其中，很有可能被当作一只雄蜂而被杀死。

然而，并不是所有的雄蜂都是采取暴力手段的。较小个的雄蜂并不适合参与争斗，它们会采取狡猾的策略。小个的雄蜂会潜伏在小台地的边缘处，远离打斗的战场，等待幸运的降临。当大个的雄蜂忙于打斗时，雌蜂恰好就可以从洞口逃脱，然后小个雄蜂会趁

机抓住雌蜂，并与其交配。

在如此严酷的自然环境中生活是很艰难的，要保证每只雌蜂都被交配到，才能最大限度地增加后代的数量，这是很重要的。繁育出不同大小的雄蜂是保证做到这一点的最有效的方法。雄蜂的大小是由过去一年产卵的雌蜂决定的。产卵季节早期，食物很充足，雌蜂会在两侧洞穴通道的尽头挖个较大的球状洞，然后在这里贮存大量的食物。这样就能保证孵化出大个的雄蜂。但在产卵季后期，随着食物供给的减少，雌蜂就会将洞挖小一点儿，贮存的食物也少一些，这样孵化出的雄蜂就会小一些。

沙漠是变化莫测的地方，虽然无垫蜂有很多的生存技巧，但是它们的生存仍充满危险。当地的干旱可能会导致孵化小台地的周围可以采蜜的花干死，或者蝗灾会毁掉所有植物。这样雌蜂就不得不分散在沙漠中，希望找到周围有花的小台地。这时无垫蜂的数量

左页图　真正的交配。一旦雄蜂抢到雌蜂，雄蜂就会将雌蜂拖到小台地的边缘，在植被的掩盖下与其交配。

下图　切叶蚁拖着草叶向蚁穴行进。在"厨房"，真菌会把这些草叶转化为食物，供约 700 万只蚂蚁食用。

会急剧减少，直到环境改善后它们的数量才会增加。

阿根廷蚁穴

阿根廷北部的草原点缀着棵棵棕榈树，航拍图上可以看到，很多白色的大圆盘状物体随意散落在地上。像小路一样的线条从各个圆盘辐射出去，并连接起几个圆盘。我们印象中的夜间城市卫星图就是这样的：城市因光污染而发出耀眼的光，而城市之间则由像白线一样的繁忙道路连接着。这样的类比很生动，因为每个"白圆盘"里都可能住着 700 万"居民"：它们收获土地的产物，并将产物通过维护完好的道路运输补给到巢穴中。它们就是切叶蚁，它们挖掘蚁巢产生

的小土墩直径可达 5 米，所以在航拍图中呈现为白色。

社会社是昆虫演化的顶峰，也是动物能够和城市的复杂与规模相匹敌的最接近的形式。蜜蜂、胡蜂、白蚁，当然还有蚂蚁，都是社会社昆虫。它们之所以能进行社会性生活原因众多，其中包括它们外骨骼的可塑性和它们自身所特有的化学物质。

对切叶蚁来说，庞大的蚁群需要源源不断的养料供应，也就是草。这就是可塑性外骨骼发挥作用的时候了。外骨骼使得这些物种可以以多种形式存在，从

而适应不同的工作，包括巨大的蚁后、工蚁以及拥有巨大的头和锋利下颚的超大型工蚁。蚁后待在蚁巢中产卵，而数目庞大的工蚁则需要在雨季的每一天和干旱季节的晚上，沿着它们的爬行路径来到周边的草原。拥有锋利大颚的工蚁会爬到草的茎干上，将草叶切下来。这些被切割下来的部分被放到地上，由小一点儿的工蚁去收集。它们竖直地擎着茎叶，沿路返回，就像罗马军队方阵举着长矛的战士。第一组去捡草叶的蚂蚁并不将其一路带回巢穴，相反，它们会带着这些草叶走一段路，然后将其放下，由接替的下一组蚂蚁再捡起来，就像接力赛一样。这种方式看似效率低，因为这样每片碎叶到达巢穴的时间比由一只蚂蚁一路带回去的时间要长，但是这样做，总体的运输速度实际可能会更快，而且也增加了蚂蚁之间交流的机会。一个大蚁群一年要收获 500 千克草叶，这使得这些蚂蚁成为这片土地上主要的食草动物。

如此多的个体不通过语言而有效地协调一致，看似是个不可能实现的任务。而实现这一任务的关键就是昆虫具有合成分泌化学信号物质的能力。当旱季燃起的大火所产生的烟雾阻碍了蚂蚁部队的行进时，蚂蚁合作采集的秘密就显现出来了。这些蚂蚁会立马放下草叶，不是跑回巢穴这个安全的地方，而是漫无目的地乱窜。烟雾干扰了它们的信息素——它们用以沟通的化学物质。每只蚂蚁爬行时都会留下信息素的痕迹，告诉其他蚂蚁新鲜草丛的方向。大量信息素的出现就表示很多蚂蚁都走了这条路，那么这里的草一定丰盈。当信息素被烟雾扰乱，数百万只蚂蚁那令人称奇的有条不紊的秩序就陷入了混乱。但这是一个非常简单的系统，一旦烟雾消散，整个系统又会重新启动，重新运行。

蚂蚁不能直接消化草，而是将其运到地底下的特殊房间内。在那里，拥有锋利大颚的工蚁将草叶切成小块儿，然后塞到白色绒毛状的真菌球中。真菌分解草叶，蚂蚁利用这一过程中释放出的营养物质生长繁殖。蚂蚁唾液中的一种抗生素可以阻止其他种类的真菌生长。蚁后在真菌环境中产卵，幼蚁以真菌为食，真菌也是成年蚂蚁的一大食物来源。蚂蚁和真菌相互依存，缺一不可。但除了为蚁群孕育生命，真菌也是蚁群最大的威胁之一。在分解草叶的过程中，真菌会释放出大量高浓度的二氧化碳，而高浓度的二氧化碳对蚂蚁来说是有毒的。为了解决这一问题，蚂蚁建立起一套通风系统：巢穴顶上建造起竖直的管道，连接巢穴内部与外部的空气。其中最大的管道建在中央，这样，当风吹过它们的入口时，含有高浓度二氧化碳的空气就被抽吸出去了。较小的管道建在巢穴边缘，新鲜空气经由这些管道进入巢穴内部，从而保持巢穴内空气清新。

巨大的巢穴就像个堡垒，即使是大食蚁兽也别想攻陷它。但是行进在路上的蚂蚁却会招致各种不同的杀手。体型娇小的蚤蝇像战斗机一样在蚂蚁的路径上巡逻。5 种不同的蚤蝇会对蚂蚁进行空中攻击，其中一种会俯冲下来，在一只蚂蚁上产下一枚卵，整个过程用不了一秒钟。那个稀里糊涂的被攻击者，牙齿突然张开，只是身体僵硬了几秒钟，其实，定时炸弹已经埋下了。攻击者的卵会孵化成幼虫，钻进蚂蚁体内，从内部吞噬它。

世界上最大规模的"翩翩飞舞"

帝王蝶，又被称为黑脉金斑蝶，它们穿越北美的迁徙是自然界的一大奇观。这个距离对这样一种小生物来说似乎太远了，然而，帝王蝶迁徙这件事确实有

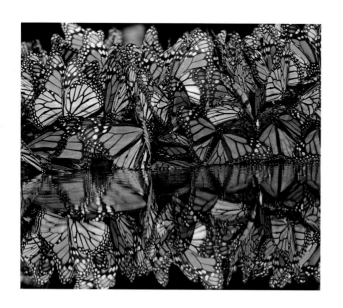

上图　过冬的成年帝王蝶在冬日的阳光下取暖，在森林中的小水池饮水。一些蝴蝶会在喝水时被挤到水中溺死。

右页图　一大群蝴蝶聚集在森林里一处阳光灿烂的地方取暖。

力地证明了昆虫也有能力做一些非常极端的事情。

　　帝王蝶的一生充满了诸如此类的矛盾。它们的翅膀呈亮橙色，有着黑色的翅脉，翅膀边缘是白点黑边，有人把它比作"彩色的玻璃窗"。同时，鸟类觉得它们很恶心。帝王蝶这种华丽的外表是体内含有剧毒的警示，这种物质被称为强心甾，是一种令人不快的化学物质，能让帝王蝶的捕食者呕吐。同样，人类探索帝王蝶的故事也充满了矛盾。

　　几百年来，北美的观察家注意到这种蝴蝶在秋天会变得焦躁不安，它们会在一些意想不到的地方聚集好几天，主要以花朵为食，有时数量很多。然后它们就消失了，直到第二年春天才会出现。1885 年秋天，博物学家约翰·汉密尔顿曾偶然发现，一大群蝴蝶在新泽西州布里甘丁停留。他估计过这群蝴蝶多到能够形成一支 4 000 米长、366 米宽的队伍。西方科学界

一直在探索这个问题：它们要飞往哪里？

　　1975 年，专家在墨西哥发现这个现今十分著名的帝王蝶冬眠地。但是在欢欣鼓舞和惊奇之余，人们又意识到这已经不单单是最初困扰西方科学界的问题了。在迁徙的另一端，墨西哥米却肯州普雷佩查的印第安人也在问同样的问题，而且历史要更长远。

　　每年的 10 月和 11 月，他们会看到这里一些宁静的山地森林里挤满了数亿只甚至可能是 10 亿只帝王蝶，它们集体振翅时就像是暴风雨中的树叶。普雷佩查人称之为"死者灵魂的回归"。但是转年 2 月来临时，这些蝴蝶就会消失。他们很想知道这些蝴蝶到哪里去了。

　　所以当美国的博物学家肯尼思·布鲁格于 1975 年 2 月登上了米却肯山 3 050 米以上的高度，成为首位看到世界上最大的蝴蝶群的西方学者时，他对于这个问题给出了两个答案。他告诉普雷佩查人回归的灵魂已经向北飞去，它们要产下好几代北飞的蝴蝶。

　　最后这些墨西哥帝王蝶的玄孙们飞到了 4 830 千米外的加拿大南部地区。西方科学界解开了这些南迁的帝王蝶在得克萨斯里奥格兰德南部的某个地方的消失之谜。科学家将这里的冬眠之地称为自然界的第八大奇迹，但这对普雷佩查人来说却是个新闻。因为他们从未离开过这个地方，所以他们认为到处都有这样的地方。

　　在世界热带地区的附近，很多地方都可以看到帝王蝶的身影，这很容易造成各个地方的每个帝王蝶种群都进行了大规模迁徙的假设。但是只有一个种群——北美洲的帝王蝶要迁徙。这是为什么呢？这个答案要从帝王蝶的历史中寻找。最开始帝王蝶和它们的幼虫要吃的马利筋属植物只分布在中美洲和南美洲的炎热地区。但是在 2 400 万年前，马利筋属植物迅

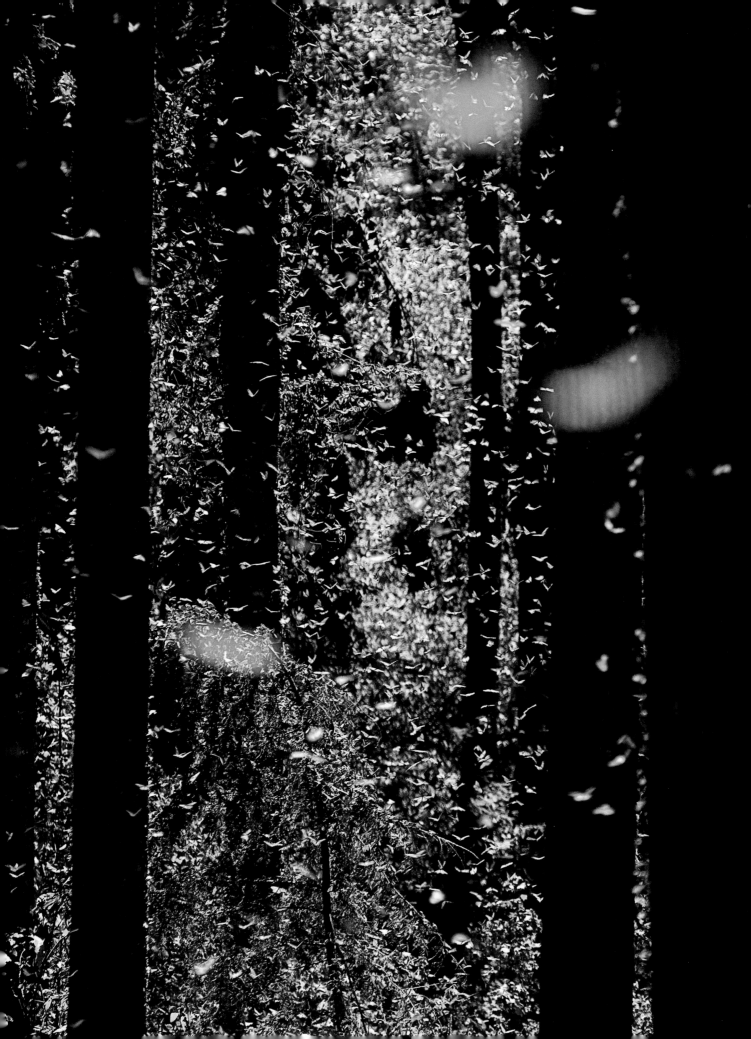

速扩展到北美洲，在沿途的扩散中获得了抵御霜冻的能力。蝴蝶也跟着这种植物一路向北，却没有进化出抵御霜冻的能力。因此每年秋天，在某种未知的暗示下，这个大陆的帝王蝶种群在冬天来临前就会往南迁徙。在太阳光和地磁的双重指引下，大多数的帝王蝶会找到它们在墨西哥栖息时的同样树种，在那里，它们的祖先已经生活了数千年甚至数百万年。

弗雷德·厄克特是该冬眠地的发现者，当第一次看到这些"如此脆弱，在风中有可能都会被撕成碎片的小生命竟然可能穿越草原、沙漠、山谷甚至城市来到这个遥远的地图上的小位置时"，他感到十分惊奇。毕竟，在他发现之前不久，人们还认为蝴蝶会迁徙的观点是很荒谬的。英国的博物学家认为，一些蝴蝶零星地分布在英国的岛屿上，是因为它们还是卵时就度过了一些不确定的岁月。但在对帝王蝶的这一行为进行了充分的观察后，专家们最后终于相信帝王蝶迁徙是一件很正常的事情。

第二次世界大战的历史中曾有证据可以证明此事，人们曾发现一团巨大的黄色"云朵"在英吉利海峡上空向肯特郡翻滚。由于对第一次世界大战的有毒芥子气仍记忆犹新，于是英国政府派人随时了解此事的最新进展。这团"云朵"滚滚而来，直到人们发现它只是一群黄色的蝴蝶在进行众所周知的向北迁徙，才彻底松了一口气。山地森林对热带蝴蝶来说似乎并不是一个避寒的理想去处，但是帝王蝶却来到墨西哥避寒，当春天来临又长出新的马利筋时，它们又会向北飞去。它们需要较低但又不能太低的温度冬眠。它

左图　在温暖的一天，这块领地开始复苏。帝王蝶所面临的最大的自然威胁就是冷锋带来的极冷空气和湿气，但是砍伐森林中的这片庇护所对它们来说才是最大的威胁。

们所选择的冬眠地点，海拔正好是 3 050 米以上的地方，这个高度很适合它们。树冠既充当了覆盖层，又充当了保护伞。当太阳照进森林时，树冠可以使森林保持较低的温度，又可以使森林在夜晚不是特别寒冷。如果帝王蝶被雨淋到就很容易冻僵，而树冠还可以让它们保持干爽。

这些冬眠地可以完美地使帝王蝶躲过要面临的寒冷天气，但是偶尔也会出现严重的差错。在一场大雪中，帝王蝶会被大雪从树上砸昏在地，挤着成百上千只蝴蝶的树枝也会被大雪压断。林地上，这些蝴蝶被打湿，然后冻僵。大概有 2.5 亿只蝴蝶死在了 2002 年 1 月那场持续了 12 天的暴风雪中，它们的尸体覆

盖在地上将近 1 米厚。幸运的是，帝王蝶这个物种的生命力很顽强，在一个适合的产卵季节里，它们的数量又会恢复到一个安全的范围内。

然而，帝王蝶最近遇到的一个最大威胁就是我们所熟知的森林砍伐，这使得给蝴蝶充当保护伞的树冠减少，帝王蝶很容易受到雨水和寒冷空气的侵袭。于是墨西哥政府正式颁布总统令来保护这块冬眠地，但是法令执行起来却很困难。与许多保护工作面临的问题一样，和当地百姓的协商出现了问题，这使情况变得很复杂。当地人需要依靠这片森林维持最基本的生活，当长久以来拥有的森林不再属于他们时，他们有一种被剥削的感觉。情况已经到了非常严峻的地步，如果不能立刻寻找到一套解决方案，这片神奇的冬眠地将不复存在。反之，如果这片土地能够得到很好的保护，那么会有更多的人目睹肯尼思·布鲁格在 1975 年看到过的非凡景象。这个博物学家曾写道："森林中那么多蝴蝶，使森林看起来是橙色，而不是绿色的。"但是在这件事情背后有一个悖论：肯尼思是个色盲。

靠眼柄实力说话

动物王国中，体型大小至关重要，尤其是对雄性突眼蝇来说。这些蝇类昆虫由蛹生长而成，在还是蛹的时候，就有着细小、扁平且柔软的眼柄。但是在几分钟之内，它们会将空气挤进眼柄中，眼柄会变得越来越长，长度甚至会超过它们的体长，30 分钟后，它们的角质层变硬，眼柄也会变硬。

突眼蝇属于突眼蝇科昆虫，大多数种类生活在亚洲的热带雨林地区，白天它们会在腐烂的植物表面寻找酵母菌和细菌等作为食物。眼柄末端那对间距很大

的眼球在它们寻找食物方面似乎并没有什么太大的优势，但是在晚上，它们的眼睛就会真正地发挥作用。

当光线变得暗淡时，突眼蝇会飞回到它们夜间栖息的地方——暴露在外的植物的细根，细根垂在被侵蚀的雨林溪流的岸边，突眼蝇用它们非凡的视力在森林飞行时能躲过蜘蛛网和其他危险。一夜又一夜，每只突眼蝇都会返回到这种栖息地休息，有的会持续数月。

左页图　一只雄性突眼蝇（下面第二只）和它的"妻子们"停留在细根上。

下图　具有同样眼距的雄蝇，它们的身体大小也很相似。在这场仪式战中它们会进行比拼，以决定和雌蝇的交配权。其中一只将前足伸出并站起来示威，另一只却蹲下，用它的腹部在细根上敲打。

每个夜晚，雄蝇都会争夺雌蝇。最大的雄蝇第一个到达，随着夜幕降临，雌蝇和其他小个的雄蝇也会出现。雌蝇在选定它们心仪的对象之前，会在不同的雄蝇之间飞舞。它们的首选就是有着最长眼柄的雄性或体型较大的雄性。这样的雄蝇所拥有的雌蝇多得能达到十来只。大个的雄蝇还会在细根上飞上飞下，用其腹部敲打细根，身体随之摇来摇去。这个壮观的表演通常会吓飞一些小个的雄蝇，其中最小的雄蝇会躲在雌蝇中间，似乎想要冒充雌蝇。

与此同时，大个的雄蝇也摆好了架势。一只突眼蝇的大小和其双眼之间的距离有着密切的关系，所以这些雄性的竞争对手会很快地比较出大小。只有眼距差不多大小（因此它们的身体大小也相同）的雄性才会决一胜负，但是这是一种高度仪式化的比拼。

雄蝇面朝对方，让眼柄完全平行，前足伸展。之后它们会飞起来将翅膀展开，后足弯曲后又伸开，然后用腹部敲打细根，之后反复这个动作，它们伸开前足，以示威胁。胜利者通常是较大的雄蝇，它们会在将失败的雄蝇赶走前，一遍又一遍地重复着这个表演。如果两只雄蝇在身体大小上不相上下，这个比拼表演会持续20分钟，通常还会升级为两只雄蝇用它们的前足进行打斗。一旦它们扭打在一起，就很难分开彼此，而这样的"摔跤"比赛可能会导致它们的足或者眼柄受伤。因此仪式化的展示比拼是解决争端最安全的方法。

占主导地位的雄蝇将小个雄蝇从细根上驱逐后，就可以长舒一口气了。因为它知道，到了早晨就很少再会出现要对付的雄蝇了。当第一缕晨光出现时，突眼蝇就开始活动了，接下来就是一场激烈的交配。在第一缕阳光出现后大约一个小时之内，或者在雌蝇分散开之前，雄蝇试图和它的所有"妻妾"进行交配。

首先，雄蝇会紧紧地盯住雌蝇，然后跳到雌蝇身上进行交配。大个雄蝇交配得很频繁。晚上躲在雌蝇中间冒充雌蝇的小个雄蝇也试图和雌蝇交配，但结果并不那么如意，因为雌蝇更喜欢和有着最长眼柄的雄蝇交配，而大个的雄蝇会频繁地打断小个雄蝇的交配，并将这些小个雄蝇赶跑。

现在这些具有如此夸张眼柄的雄蝇的进化就很好理解了。它们有着和蜻蜓一样的惊人视力，突眼蝇能从1米远的地方用它们眼柄的长度准确地估算出向它们飞来的突眼蝇的大小，从而确定这飞来的突眼蝇是它们的竞争对手还是它们的追求者。眼柄的长度和眼距可以作为瞬时信号标志，直接告诉同性和异性突眼蝇它们的力量和生殖力，这样可以让它们彼此快速做出决定，从而避免了代价高昂的争斗和雌性做出不明智的选择。

因性致残

达尔文在1871年出版的《人类的由来》一书中首次提出了性选择理论，而且他还在昆虫世界发现了这一理论的最好例证：智利长牙锹甲，又被称为达尔文甲虫。他用这一理论解释某些物种中只有一种性别的个体表现出的极端行为或身体形态，雄性孔雀尾巴奇特的形状和颜色以及极乐鸟的翩翩舞姿等都是经典例证。之所以如此，是因为世世代代以来，雌性物种总会选择某一方面拥有最显著行为或者特色的雄性来交配。这种选择性的繁殖造就了我们今天所看到的各种奇奇怪怪的动物。对昆虫而言，灵活可塑的外骨骼非常适宜这种极端的性选择。在某些情况下，有些被选择的特征已经变得十分极端，拥有这些特征就意味着拥有可以吸引异性的优势——而不仅仅是拥有一个

无用的累赘。甲虫中就有例证。其中最奇怪的一种当数马达加斯加长颈象鼻虫。雄性长颈象鼻虫拥有异常修长的脖子，脖子末端连着一个小脑袋，这使其身体很不稳定。通常它们会用脖子进行一种低调的战斗，雌性将会与胜出者交配。但是当 1835 年"小猎犬"号勘察船沿智利海岸进行考察时，达尔文发现了一种锹甲，其雄性的某一特征已经夸张到了极其荒谬的地步。

全世界有 1 000 多种锹甲，是鞘翅目锹甲科昆虫的统称，许多种类的雄性锹甲都拥有巨大的大颚，它不是用来捕食，而是用来打架的。智利长牙锹甲的大颚更为突出，其长度至少相当于身体的其余部分。大部分锹甲的大颚都是在前面拉长，而智利长牙锹甲的大颚却是向下弯的，很像一把短弯刀。它们的前足很

长，能把整个身体撑起来，以便走路的时候大颚不会被卡住，这种办法在一定程度上是成功的。这种甲虫生活的大本营之一是智利巴塔哥尼亚地区美丽的托多斯洛斯桑托斯湖畔，周围是树木繁茂的山坡，湖面倒映着积雪覆盖山顶的奥索尔诺火山。雄性甲虫或是发出响亮的嗡嗡声在树林间摇摆飞翔，或是在树干或树枝上爬行徘徊，以此来寻找栖息在树顶的短颚雌性甲虫。当两只雄性甲虫在同一树枝上相遇时，它们会慢

下图　雄性智利长牙锹甲大颚极长的根本原因是繁衍的需要。相比之下，雌性的颚很短，它主要用来满足最原始的功能——觅食。

右页图　用大颚来评估对手大小。锹甲最厉害的武器就是进化出了和撬棍一样的大颚。

慢地爬向对方，举起大颚，厮打在一起。用达尔文的话来说，"它们英勇又善战，面对威胁时，它们环视周围，亮出大颚并大声鸣叫"。

虽然它们的大颚相当大，但打斗的目的却不是伤害对方，正如达尔文所写，"其大颚的强度并不足以弄疼手指"。奇怪的造型只是为了能插到对手的鞘翅下方。大颚的末端会弯成钩子的形状，精确到钩住对手的鞘翅下。一只雄性甲虫抓住另一只，也就等于抓住了取胜的绝佳机会。它的目的就是把对手从牢牢抓着的树枝上撬下，然后把它扔出去。抓得最牢的雄性甲虫向上爬的时候，其长长的大颚起到了很好的杠杆作用。对手紧紧抓住不放，弯爪也钩进了树皮，它把足伸得直直的，有时候因为力度过大，连攀着的树皮都会因外力而开裂。这样的战斗可以持续几秒到几分

钟，其间也会有安静的时刻，双方紧紧地扣在一起，像极了筋疲力尽的拳击手。如果其中一只稍一松足，下一轮战斗便又拉开了序幕。一旦其中一只成功地将对手从树皮上撬开，它就会把对手高举，倚靠着树枝，并大张着大颚。失利的一方开始向下滑落，虽然可能抓住了胜利者大颚的尖尖，但最后由于重力的加持，它会从树上掉下去。

在找到雌性配偶前，一只雄性锹甲可能要经历数场战斗，而且雌性配偶还会经常逃跑。即便是追上一只雌性并使其与自己交配，雄性锹甲打斗的本能依然存在，它会一把将雌性锹甲逮住，把对方从树上抛下去。幸运的是，这样做并不算是灾难，而更像是一条捷径，因为雌性配偶需要到达地面，把卵产在草丛里，这样孵化出的幼虫就能以树根为食了。

第五章

蛙类、蛇类和蜥蜴类

那些存活已久的物种由于冷血体质的严重束缚，被鸟类和哺乳动物驱赶到严酷和边缘的环境中。大家似乎很容易相信这样的观点，爬行动物和两栖动物似乎比今天占主导地位的哺乳动物要低级一些。事实确实如此，它们虽然对地球的统治开始得早，结束得也早，但那是一段辉煌的历史。

现存的两栖动物都是从最早离开水的脊椎动物演化而成的。它们的鱼类祖先鳍部是有骨头的，后来演化成了两栖动物的腿，可能由于长期生活在缺氧的沼泽环境中，这些鱼类是有肺的。由于化石中无法找到两栖动物的皮肤，因此很难知道它们的皮肤是什么时候演化得能透气的。当这些原始的两栖动物爬上陆地时，就开始了长达数百万年的统治，出现了各种各样的、奇形怪状的两栖动物，有些像鳄鱼一样大。爬行动物统治地球的时间是迄今为止哺乳动物统治地球时间的三倍，在恐龙时代达到了顶峰。直到一颗陨石的撞击才结束了这一生命历史的伟大篇章，留给后人的仅是骨骼化石。直到那时，老鼠大小的哺乳动物才从安全的夜间生活中出现，在恐龙的直系后代——鸟类的陪伴下，开始传播扩散和多样性地演化。

左图　哥斯达黎加热带雨林中的条纹树蛙。这里空气湿润，对两栖动物来说是个完美的栖息地，它们需要一直保持皮肤的湿润。树蛙背部有伪装色，腹部却呈明黄色，说明这种蛙类并不可口。

左页图　一只来自婆罗洲的飞龙科蜥蜴。和更高纬度的爬行动物不同，受恒定的炎热气候的影响，很多居住在热带地区的爬行动物常年都能全天活动。

第 104~105 页图　美洲短吻鳄是一种比哺乳动物古老得多但成功存活下来的爬行动物。

然而在今天辛苦存活的爬行动物和两栖动物并不
是远古时代的失败者，而是为了生存在现代世界中不
断竞争的现代生物。从生物学角度讲，它们完全不同
于鸟类和哺乳动物，它们必须以不一样的方式解决自
己面临的问题，但是在很多方面，它们又和鸟类及哺
乳动物一样适应得很好。无论是行为还是身体形态，
它们都显示出惊人的灵活性，这使得它们可以有效地
进行竞争，甚至在某些环境中还是主宰者。

现代的两栖动物分为三个目：无尾目，例如青蛙
和蟾蜍；有尾目，例如蝾螈（包括东方蝾螈和大鲵）；
以及类似蚯蚓的蚓螈目。潮湿透气的皮肤使得它们必
须时不时地返回水里或潮湿的地方生活繁殖，但它们
是冷血动物，所以又需要从周围的环境中获取热量，
这样看来，它们的生存似乎并不占优势。虽然种类繁
多的两栖动物生活在潮湿的热带和温带地区，但有十
多种青蛙、蟾蜍以及蝾螈却能在高纬度、高海拔的严
寒地带过冬，它们的秘诀就是释放葡萄糖或者甘油到
血液里，这样可以降低细胞内基质的冰点。在其他地
区，冷血的两栖动物却有着得天独厚的优势，因为温
血动物必须定期进食，但冷血动物可以降低甚至暂停

上图·左　一只越南苔藓蛙凭借周围阴暗潮湿的环境藏身。
两栖动物没有外部武器可用，但它们会利用可变色的皮肤
隐藏在环境中或是发出警告。

上图·右　一条伪装在枝叶间等待猎物出现的越南响尾蛇。
响尾蛇捕食的策略就是埋伏，然后伺机抓住猎物并将毒液
注射到青蛙、爬行动物和一些小型哺乳动物体内，这种毒
液对它们来说是致命的。演化的毒液是蛇如此成功的原因
之一，蛇可以在不经过激烈斗争的情况下捕杀到猎物。

新陈代谢的速度，以假死状态（蛰伏或冬眠）度过艰
难的时刻。这种现象在进入沙漠地带的蛙类身上表现
得尤为明显。罕有的几次降雨之间，这些蛙类就能在
地下挖洞将自己掩藏在不透水的黏土层中，并能在这
种状态下维持数年。雨水来临时，蛙会爬出洞外，有
时数量惊人，它们以极快的速度繁殖着后代。

爬行动物在适应环境方面比两栖动物更灵活，也
更成功一些。它们的身体演化出了各种形状和器官形
态，大到2.7米长的科莫多巨蜥和6米长的咸水鳄，
小到长期生活在多米尼加共和国的落叶层、体长不到
2厘米的雅拉瓜壁虎。它们被分为以下几类：鳄目、
有鳞目（蜥蜴、蛇、蚓蜥）、龟鳖目（海龟、陆龟、

淡水龟）以及喙头目（如新西兰大蜥蜴，即楔齿蜥）。有些甚至在身体外部长了凸点和棘刺以抵御捕食者。蛇虽然四肢退化，但新增了肋骨，产生了毒液。变色龙是最奇怪的爬行动物，它们拥有能够通过改变颜色交流情绪和表达意图的能力，并有着像子弹一样能快速射出的舌头，足上也具有独特的分趾，可以像卡钳一样紧紧抓住树枝。现代爬行动物的皮肤是它们制胜的关键，皮肤具有防水性，再加上冷血的特性，使得它们可以在一些哺乳动物和鸟类只能临时停脚的最干旱的环境中繁衍生息。

爬行动物和两栖动物对外界的攻击并不是毫无抵抗能力的。青蛙就可以鼓起肚子并发出尖叫声，箭毒蛙的皮肤包含了一些我们所知道的最毒的物质。有些

蜥蜴能在水面上奔跑以逃脱危险。蛇也可以喷射或吐出一些毒液。为了应对各种挑战，它们的繁殖策略千差万别。蛙类可以用极复杂的发声方式吸引配偶，它们也可以干扰彼此的叫声，模仿其他生物，类似口技艺人。一些蛙类和蜥蜴类动物会悉心照顾它们的孩子，丝毫不逊色于哺乳动物。

也许用来判定爬行动物和两栖动物成功的最简单方式就是物种的多样性。至今地球上大概有 5 000 种哺乳动物，10 000 多种鸟类，但却有 17 000 多种两

下图　科莫多巨蜥有着强健的肌肉和体魄，这种身形特别适合快速有力地伏击大型猎物。这只科莫多巨蜥刚从泥塘中出来，满身是泥巴，在那里它攻击了一头野生水牛，咬伤了它的后腿。数周后更多的咬伤最终会要了水牛的命。

左图　林卡岛是巴厘岛东部偏远的科莫多群岛中的一个小岛。站在该岛上就好像可以在大草原上看到猫科动物捕杀食草动物一样。这里过去有侏儒象，现在有鹿、野猪、野生水牛，但这里没有大型猫科动物，却有科莫多巨蜥。

下图　两只雄性科莫多巨蜥正通过决斗争取雌性巨蜥，整个打斗过程不到 10 秒钟，以将对手打倒在地为目标。这种打斗只发生在两只实力相当的雄性巨蜥身上，但这样的打斗能持续数天。

栖动物和爬行动物。[1]这个数字并不是辉煌时期遗留下来的，而是一个经久不衰的成功故事。

巨龙仍存在于世

在哺乳动物和鸟类统领大多数自然栖息地之前，爬行动物统治地球已经有 6 500 万年了。直到现在，

[1] 专家根据现有研究成果更新了原文的数据，参见：蒋志刚 . 中国脊椎动物生存现状研究 [J]. 生物多样性，2016，24(5)：495–499.

我们仍可对它们久远的过去窥见一斑。1912 年，一群在偏僻的印度尼西亚群岛的危险水域采集珍珠的渔夫就在一个小岛的海滩上看到了正在徘徊的巨型食肉蜥蜴。他们的描述是西方科学界对科莫多巨蜥最早的认识。科莫多巨蜥的栖息地是巴厘岛东部的 5 个荒凉的小岛，位于印度洋和太平洋交汇处，它们的生存范围是地球上所有大型食肉动物中最小的。现今仅存活着几千只科莫多巨蜥，绝大多数都生活在科莫多岛上。

科莫多巨蜥有着强大的力量、明确的目标和精良的装备，这使得它们天生具备顶级猎手的潜质。和它

们的恐龙亲戚曾统治着整个地球一样，科莫多巨蜥毫无疑问也是它们这个小世界的统领者。科莫多巨蜥能长久地存在也证明其他强大的哺乳动物没法在条件如此恶劣的地方生存。为了维持恒定体温，属于温血动物的食肉动物每隔几天就需要进食，它们很快就能捕杀光这里原本就稀少的猎物。但是属冷血动物的科莫多巨蜥一年只需要进食十来次，这也是它们能在这里存活的原因。

科莫多巨蜥获得经久不衰的名声不单是因为其庞大的体型（雄性巨蜥体长包括尾巴在内有 2.2 米，平均体重有 80 千克），它们捕食人类的消息也令人闻风丧胆。通常它们会采取守株待兔的策略捕杀猎物，它们在林间小路旁等待诸如鹿等猎物出现，可以一动不动地等上数天。猎物出现时，它们会以每小时 18 千米的极快速度冲向猎物，用它们 60 颗锋利的锯齿牙狠狠地咬在猎物的喉咙或肚子，造成可怕的伤口，身受重伤的猎物很快会被制伏，当场就被科莫多巨蜥生吞了。

同样的惨剧也发生在人类身上，最著名的就是 1974 年的瑞士男爵鲁道夫·冯·雷德林事件。在科莫多岛上，这个 84 岁的冒险家脱离大部队想另辟蹊径回到停靠在岸边的渔船上，结果却下落不明。虽然派出了 100 多人的搜救队，但只发现了一些相机碎片。

科莫多巨蜥最擅长捕杀体型较小的猎物，但它们也能对付得了比它们大得多的猎物，这也是它们能在岛上如鱼得水生存的原因。据悉，科莫多巨蜥原来的猎物包括一种侏儒象，这种动物灭绝已久，后来它们还可以捕杀无论是从体型还是体重上都超出它们很多倍的危险食草动物——野水牛。科莫多巨蜥捕杀野水牛的方式是爬行动物中最让人毛骨悚然的。捕杀野水牛的黄金时间就是岛屿上最炎热干燥之时，岛上仅剩的几处水源就是野水牛每天必然到访的小水坑。科莫多巨蜥就在那儿等待着它的猎物。一只饥饿无比、极具攻击性的科莫多巨蜥偷偷地从后面攻击正在喝水的野水牛，一口咬在水牛的后腿或者生殖器上，然后马上向后撤离以躲开这只凶猛的哺乳动物的角的攻击。

咬伤造成的组织损伤还不足以杀死猎物。直到不久前，人们还认为科莫多巨蜥唾液中的细菌会毒害猎物。不过现在的研究发现，科莫多巨蜥像毒蛇一样有毒液，因此它也成了世界上最大的有毒动物。毒素可以阻止血液凝结，最后使小型猎物失血过多，迅速死亡，同时也会降低猎物的血压，导致它们休克。对野

水牛这样的大型猎物来说，持续不能愈合的伤口会导致发炎，最终丧命。科莫多巨蜥能从 6 千米外的地方发现刚开始腐烂的肉，然后马上找到受伤的猎物。7 只或更多只科莫多巨蜥会天天在水坑周围追踪去喝水的野水牛，然后趁着野水牛虚弱的时候再咬上几口，最终，饱受创伤的野水牛倒下了，科莫多巨蜥战胜了野水牛，甚至在野水牛咽气前就开始生吞活剥它们了。

科莫多巨蜥恪守着大者为先的进食制度。科莫多巨蜥会赶走小的入侵者，有时会杀死并吃掉它们。一只饥饿的科莫多巨蜥能撕咬下大块的肉，甚至能吞下骨头和蹄子等。它们能一口气吃下相当于自身体重 80% 的食物。一群科莫多巨蜥可以在短短几个小时之内将猎物剥得只剩下骨头，留一些边角料给小科莫多巨蜥。吃饱了的科莫多巨蜥必须在太阳底下躺上几个小时，以此保持身体的温度并加速消化，否则食物可能会在体内腐烂。

科莫多巨蜥的交配方式也异常惊人和残忍。雄性巨蜥之间要通过决斗来得到雌性巨蜥。它们将前肢搭在对方身上，然后站起来，在试图压倒对方的过程中靠尾巴来保持身体的平衡。它们那 10 厘米长的爪子能刺穿对方皮肤，给对方留下血迹斑斑的伤口。每场打斗持续的时间不会很长，几秒钟之后总会有一只或者两只轰然倒地。但是两只实力相当的雄性科莫多巨蜥的决斗可能会断断续续持续好几天，直到其中一只筋疲力尽，黯然退场。

然而，打败竞争对手只是打了一半的胜仗，因为雌性巨蜥很有可能不会接受交配。胜出的雄性巨蜥会轻弹舌头试探雌性巨蜥是否正处在发情期。雄性巨蜥也可能会轻抓雌性巨蜥的背部或用下巴摩擦雌性巨蜥的皮肤来刺激它。雌性巨蜥通常会用牙齿和爪子来反抗想交配的雄性巨蜥，而雄性巨蜥则用全身的重量和有力的四肢压制住雌性巨蜥。让人好奇的是，有如此激烈的交配动作的科莫多巨蜥却有着亲密的配偶关系，是为数不多的实行终身配偶的一种蜥蜴。

受孕的雌性巨蜥会在原本由橙脚冢雉建造又抛弃的土沙堆里挖洞产卵。它一次最多能产 20 枚卵，然后就守在土沙堆周围 7 个月，直到卵孵化出来。虽然有雌性巨蜥的照料，但很多刚出生只有 30 厘米长的幼蜥仍然可能会被同类吃掉，成年巨蜥的食物有 10% 是这些幼蜥。出于自我保护的需要，幼蜥会在树上度过大部分时间，靠捕食昆虫和更小的其他种类蜥蜴为生。

科莫多巨蜥并不是恐龙，它们是一种现代爬行动物。从它们称霸栖息地来窥见它们古老的祖先的生存

右页图　一只亚洲帆蜥。它使用的水上冲刺技术与蛇怪蜥蜴一样，可以通过水下游泳和长时间屏住呼吸来逃命。

下图　蛇怪蜥蜴"水上漂"式的步法。当爪子接触到水面时，如风车般快速转动的后肢能在水面上拍打出气泡，这是它们水上奔跑的动力。但是这种跑法需要大量体能，如果水域很宽阔，逃跑的蜥蜴会体力不支，它就只好潜入水中了。

方式，在今天看来，这种展示方式是很独特的。

"水上漂"蜥蜴

在希腊传说中，蛇怪（巴西利斯克）异常可怕。作为爬行动物中的王者，它头部长得像皇冠一样，拥有超能力，仅用目光就能杀死敌人。中南美洲的蛇怪蜥蜴（中文学名为双嵴冠蜥，也称绿双冠蜥，属于海帆蜥科冠蜥属），就如传说般长着皇冠一样的突起，但是，这种蜥蜴与传说的相似点还不止这一处，它还能逃过食肉性蛇类、鸟类和哺乳类动物的追捕。这项逃生本领也是最近才有了科学的解释。遇到危险时，它能在水面上快速奔跑，因此人们也称它为"耶稣蜥蜴"。

蛇怪蜥蜴（根据爬行动物数据库，冠蜥属包括4个物种）分布在从巴拿马到厄瓜多尔的热带雨林中。它一天中的大部分时间都趴在树枝上一动不动，以便能察觉捕食者。它还喜欢栖息在水边，至于原因，当有捕食者惊吓到它时，你就清楚了。捕食者一旦出现，它就会跳到空中，如果没有落入水中，那么它一落地就会跑向水里，然后用后肢在水面上滑行，速度可达每秒1.5米，前肢似风车般转动，到达陆地后还可以接着逃跑。但若在宽阔的水域上，它也会体力不支，此时它会潜入水中，水下潜伏时间可达半个小时。

水的张力就像气球的薄膜，许多小而轻的生物，如昆虫，可在水上行走而不会落入水中。但是从体重上来说，蛇怪蜥蜴应该会沉入水中，值得注意的是它能"水上漂"的真正原因。"耶稣蜥蜴"这个名字并不准确。研究者发现它并不是在水面上奔跑的，而是在空中奔跑。它的后肢轮流击打水面，迫使水面下沉，在水面上形成气泡，它的脚在水面上是干燥的。脚向

后、向外推动，既能获得前进的动力，又能平衡身体使自己不左右摇晃。这就是研究者揭示出的创造气泡的策略。蛇怪蜥蜴的双脚必须高速运转，以保证在气泡破裂之前完成一个动作循环并把脚抬回到水面上。如果后肢浸入水里，由此产生的拖拽力会非常大，使冠蜥沉入水中。它的尾巴浸在水中，看上去会破坏整个动作体系，但实际上，它的尾巴可能起到保持平衡的作用，避免冠蜥在下落时会平趴在水面上。

这"水上漂"的功夫看上去优雅，但从慢动作的回放来看，其实很笨拙，而且十分耗力。蛇怪蜥蜴时常会被水面绊倒，摔趴在水上，然后它就只能潜入水中了。新生的蛇怪蜥蜴似乎能在水面上弹跳，但是当它越长越重时，"水上漂"的难度也会越来越大，因为这时它的脚会相应地变小，而且奔跑的速度也会相对变慢。成年蛇怪蜥蜴体重大约为200克，这

下图　库克南一座特普伊山顶的鹅卵石蟾蜍，有着类似米老鼠一样的前肢和灵活的脚趾。在平顶山或特普伊山已经发现了特有的鹅卵石蟾蜍。

右页图　库克南山顶降雨丰沛，食虫植物是这里的主要植被。让人惊奇的是，鹅卵石蟾蜍并不会也没必要会游泳，因为这里潮湿的空气使得蟾蜍即使离开水，皮肤也能保持湿润状态。

已接近它发出足够力量不使自己沉入水中的临界点。相比之下，人类若想在水上奔跑，双腿上下移动速度必须达到每小时 105 千米——这是人类所能承受肌肉负荷量的 15 倍。

失落的世界和弹跳蟾蜍

在 1.8 亿年前爬行动物的鼎盛时期，在现今委内瑞拉、巴西和圭亚那的交界处可见到恐龙漫步于广袤的砂岩高原上。数亿年来，高原在地壳运动的作用下断裂，再加上日积月累流水对岩石的作用，高原被一毫米一毫米地侵蚀，结果就形成了今天此处无与伦比的、令世人惊叹的美景。

这块区域有得克萨斯州那么大，由 100 多座平顶山（这种平顶山有个特殊的名字——特普伊，意为神之屋）构成。这些特普伊山是古老高原的遗留物，它们拔地而起，四周陡峭，而山顶却很平坦。它们从一片热带雨林中延伸出来，有的山脉海拔将近 2 000 米，并有着自己独特的天气系统。山四周峭壁，白云涌动，就像逆流而上的水，然后从山顶倾倒而下。沃尔特·雷利爵士曾在 1596 年沿着奥里诺科河逆流而上进行探险，首次将这个地方的探险情况带回欧洲。很多人对此持怀疑态度，认为此景只应天上有。但在此后的400 年里，这里却成了无数探险家、科学家和浪漫主义者遐想的天堂。

左图　这只神奇的正在弹跳的鹅卵石蟾蜍刚摆脱了一只塔兰托毒蛛。它缩起后腿，从岩石上跳下并停住，丝毫没有受伤。

右页图　瀑布蟾蜍是鹅卵石蟾蜍的近亲，它们栖息在山下的雨林中。在受到蛇的攻击时，它们就顺势从岩石上滚落下来，下落的途中它们会用长而强健的脚趾抓住路过的树叶茎，挂在上面，然后再把自己拉到安全的地方。

这里是很多有关财富神话的源泉。雷利认为，这里是通向埃尔多拉多——神秘的黄金城的大门。吉米·安吉尔发现了从奥扬特普伊山倾泻而下的世界海拔最高、落差最大的瀑布——安赫尔瀑布，甚至在河里发现了拳头大小的金块。但只有英国小说家阿瑟·柯南·道尔的文字最接近这个地区真正财富的描述。1885 年，受首次登上一座巍峨的特普伊山——罗赖马山报道的启发，柯南·道尔写成了那本经典的历险图书——《失落的世界》。书中描写了一个独立的生态圈，恐龙是这个圈子的主宰，就生存在平坦的山顶上。虽然一些细节描写得并不准确，但却提到了这里的财富就是生物，这倒是对的。每一座特普伊山就像一座独立的岛屿，山上的物种都遵循着自己独特的演化轨迹，因此很多人称这里为内陆的加拉帕戈斯群岛（这些群岛深深影响了查尔斯·达尔文）。但是特普伊山却因为地方偏僻，远没有加拉帕戈斯群岛出名，直到今天仍是如此。要步行至这里需要艰苦跋涉，穿过被险恶河流阻断的原始森林，一些当地人会拒绝做搬运工，因为这里有最令人生畏的毒蛇——矛头蝮，这种蛇以易咬伤人和毒液出名。然而，这样行走的路程还是算比较容易的，特普伊山陡峭的岩壁、咬人的昆虫、缠绵不断的降雨使得这里的山极其难爬。正因为如此，大多数的特普伊山仍未有探险者的足迹，这是可想而知的。

少数冒险踏上特普伊山的生物学家可能并没有发现柯南·道尔书中提到的恐龙，但是他们发现了鹅卵石蟾蜍[1]，每座被探索过的特普伊山上的蟾蜍种类都是不一样的。他们甚至向我们展示了这些脆弱的两栖

[1] 该种蟾蜍属于蟾蜍科对趾蟾属，根据美国自然历史博物馆（The American Museum of Natural History）网站，该属大概有 9 个物种，基本分布在该地区。——编者注

动物比捕杀者还要聪明。这些黑色的全身布满疙瘩的小蟾蜍，从头到尾不到 3 厘米，但很多方面都很奇怪。它们不会游泳，不会跳跃，有着米老鼠一样的前肢和灵活的脚趾，脚看起来过大。

最有名的是生活在名为库克南的一座特普伊山（对当地人来说，库克南的意思是死者之墓，他们认为死者的灵魂在此）上的物种。它们在这里悠闲地欣赏着超自然的美景。砂岩上有很多锐利的、有裂缝且坑坑洼洼的石英晶体，面积超过 2 平方千米，这些石英晶体被侵蚀成了成千上万的拱门和其他吓人的形状。这里没有土壤，只有岩石和独特的食肉植物构成的小"花园"。据探险者描述，除了风，一切寂静之极，偶尔会有鸟和蟾蜍的叫声。

鹅卵石蟾蜍看似毫无防御能力，却能和蝎子、塔兰托毒蛛（捕鸟蛛科蜘蛛的泛称）、外来鸟类等捕食者生活在一起。鹅卵石蟾蜍最让人惊奇的地方可能就是它们摆脱危险的方式——顺势向下滚落，像橡胶玩具似的从一块岩石弹跳到另一块岩石上。它们有时会停在平坦的地方，有时会停在与地面几乎垂直的岩面上。一旦危险解除，它们就会继续慢慢地爬行。

人们对于这种蟾蜍奇怪的习性非常感兴趣并有所疑惑：这些蟾蜍是从哪里来的？它们是怎么演化出这些奇怪的行为的？美国科学家布鲁斯·米恩斯花了 20 年时间步行对这个地方进行了艰难的探索。他具有能够发现和识别新物种的神奇能力，特普伊山恰好给了他发挥才能的空间。他仅仅从伦敦自然历史博物馆的几个标本中就重新发现了 100 年前发现过的蟾蜍，这可能给我们提供了一些答案。他在罗赖马山的较低山坡处发现了这种蟾蜍，他将其命名为瀑布蟾蜍，而罗赖马山正是柯南·道尔的灵感来源。

这种蟾蜍有着同样奇怪的脚，但是米恩斯发现它们的脚有着其他用途。它们喜欢坐在树叶上，如果发

上图 一条猪鼻蛇可能正尾随着马达加斯加锯尾鬣蜥，看着马达加斯加锯尾鬣蜥埋藏它的卵。它一埋完，猪鼻蛇就会进入洞中，用鼻子将卵拱出来，然后整个吞下。马达加斯加锯尾鬣蜥对此束手无策，只能眼睁睁地看着。

左页图 马达加斯加锯尾鬣蜥正在挖洞埋藏它的卵。虽然大多数捕食者无法靠着嗅觉找出这些卵，但至少有一种爬行动物可以做到。

伊山都各自分离后，这些蟾蜍就开始适应栖息在高高的特普伊山上，这时它们的四肢就用来紧紧地抓住垂直的岩面，并在滚落的过程中让自己停下来。

对专家来说，特普伊山的生态系统就像钻石一样，还有很多方面等待发掘。这些蟾蜍只是其众多闪亮面中的一面，还有很多故事尚待讲述。

现了慢慢靠近的蛇等危险捕猎者，它们就会离开，然后顺势滚落，这时它的脚就开始发挥作用了。在滚落的过程中，它会将前肢和后肢伸展开来，抓住下落途中遇到的小树枝或树叶。它们的这种抓握能力是很惊人的，多半情况下，它们会悬着一只脚，然后再将整个身体拖上去。米恩斯认为演化到现在的瀑布蟾蜍的四肢或它们祖先的四肢是用来在树叶和树枝上移动的，而不是为了逃生跳跃到安全的地方。当每座特普

千辛万苦的妈妈和费尽心机的挖掘者

爬行动物已经掌握了保护它们的孩子免受哺乳动物和鸟类等生物威胁的各种策略，比如分布在马达加斯加的马达加斯加锯尾鬣蜥有一种自动保险装置的保护措施来保护它们的卵。虽然它们的措施可能会骗到温血的哺乳动物，但摆脱不了冷血的蛇。

马达加斯加锯尾鬣蜥是马达加斯加西部森林中数

目最多的蜥蜴。它们大多数时间都安全地待在树上，或栖息在树枝上，或垂直地趴在树干上。它们会向地面俯冲，以昆虫和一些其他无脊椎动物为食，然后冲回到树上。如果遇到诸如猛禽等捕食者，它们会躲到树洞中，然后用多刺的尾巴挡住洞口。

但是当雨季的第一场雨来临时，雌性蜥蜴则要回到地面待上很长一段时间来完成它们一生中最重要的任务——产卵。它们慢慢地选择产卵点，通常是一块贫瘠多沙的土壤。它们挖洞产下一小批卵，就像狗埋骨头似的，用鼻子将卵推入洞底，然后小心翼翼地盖上土，就好像没在这里埋过东西似的。

这个小把戏能够瞒过哺乳动物和鸟类，但是马达加斯加锯尾鬣蜥却有其他的麻烦。有一种爬行动物叫猪鼻蛇，它能用自己的朝天鼻轻易地找到马达加斯加锯尾鬣蜥的卵。

当猪鼻蛇的头部左右摆动的时候，它们的鼻子就是很好的挖掘工具。这在马达加斯加锯尾鬣蜥繁殖的地方很常见。它们一般潜伏在马达加斯加锯尾鬣蜥产卵处的灌木丛下，当马达加斯加锯尾鬣蜥掩埋卵时，猪鼻蛇就会明目张胆地等在那儿。

当马达加斯加锯尾鬣蜥埋好它的卵，甚至是正在埋的时候，猪鼻蛇就很有可能立刻将这些卵挖出来（很有可能猪鼻蛇看到了马达加斯加锯尾鬣蜥在产卵，但这些猪鼻蛇本身的嗅觉就非常灵敏）。它们能将这些卵整个吞下，有时能连续吞下数个，对此马达加斯加锯尾鬣蜥束手无策，只能眼睁睁地看着被蛇吞咽下去的卵在蛇的身体中向中部移动。

把马达加斯加锯尾鬣蜥的这种无助视为一种失败是很正常的。后代的生存是一种数量上的游戏。马达加斯加锯尾鬣蜥对大多数捕食者已经做好了应对的措施，而且并不是每只雌蜥的卵都会被蛇吞下。

我们也可以从蛇的角度来看整件事情——这种爬行动物竟然可以灵活地找到马达加斯加锯尾鬣蜥千辛万苦埋在地下的卵。

下图 为产卵做准备。雌性帝王角蜥产下卵后会守护它们一两周，主要是防御一些捕食者，防御措施也都是特定的。如果遇到郊狼或野狗，它会从眼角喷射出一股令人反感的爬行动物的血液。

对捕食者了如指掌

帝王角蜥（角蜥属）主要栖息在美国西南部的沙漠灌木丛中。帝王角蜥和马达加斯加锯尾鬣蜥有着同样的烦恼：它们产的卵都会被吃卵的蛇挖出来吃掉。但和马达加斯加锯尾鬣蜥不同的是，帝王角蜥会采取一些应对措施，它们有着一些现代爬行动物才有的行动上的极大灵活性。科学家韦德·舍布鲁克和克莱顿·梅最近发现，帝王角蜥在爬行动物中是独一无二的：首先，它能够区分一系列捕食者；其次，它对每种捕食者都有不同的防御策略。

马达加斯加锯尾鬣蜥产下一窝卵后，会将其掩埋然后离开，而雌性帝王角蜥却会在卵窝里待上一两周。虽然这样做会使它们自己有被吃掉的危险，它们的卵会和马达加斯加鬣蜥的卵一样沦为捕食者的腹中之物，但它们对每个捕食者的反抗都是特定的，给它们自己和它们的孩子争取了最大的生存机会。

帝王角蜥虽然最大的威胁也是来自蛇类，但它会被郊狼和北美狐等犬科动物吃掉。遇到危险时，帝王角蜥的反应就是将鼻窦充血，然后从眼角处喷出一股血，射进捕食者的嘴里。它们的血液中含有一种令人反感的物质，这样犬科捕食者就会马上后退。帝王角蜥还可以用不同的策略分别对付三种蛇。响尾蛇追捕猎物很慢，通常会守株待兔般地等待猎物出现，然后用毒液杀死它们。当帝王角蜥认出响尾蛇时，它会选择马上逃走。

对付鞭蛇（鞭蛇属）则是另外一种措施，因为鞭蛇没有毒，却和响尾蛇一样危险，而且鞭蛇追捕猎物的速度相当快，而帝王角蜥跑不过它们。鞭蛇会从大小上判断猎物能不能吃，因为它们不能像蟒一样吞下很大的猎物。试图吞下太大的猎物或形状不对的猎物

上图　纳米比亚变色龙吃着它的沙丘甲虫大餐。猎物在滚烫的沙地上跑得很快，为了不挨饿，变色龙不能坐以待毙地等待猎物上门，它们只能追捕猎物。和其他变色龙一样，纳米比亚变色龙也是以迅雷不及掩耳之势伸出舌头捕捉猎物。

可能会要了它们的命。所以当看到鞭蛇靠近时，帝王角蜥就会转向一侧，只抬起一侧的腿，将背部朝它们倾斜，这样会使帝王角蜥看起来更高大一些。它们也会抬起头后面的角，以强调它们一口吃下去会很不舒服。最后帝王角蜥会将背部翻转过来，一动不动。伪装的上半身就变成了差不多纯白的腹部，它们的四肢僵硬地伸着，身体一侧的突鳞看起来就像是刺。这样既能吓退鞭蛇，又可以使自己的外形看起来难以对付，通常会达到防御效果。

帝王角蜥需要对付的第三种蛇就是吃蜥蜴卵而不吃雌性蜥蜴的蛇。这种西部斑鼻蛇一般都比较小，雌蜥可以对其直接发起攻击。它会冲向蛇，用屁股撞或用牙咬它们。一般这种蛇会被它们凶猛的攻击吓退，转身就逃跑了。

快速做出反应的变色龙

　　爬行动物专家都认为变色龙是很奇特的动物。它们有着卡通的外表和独特的生活方式，这使它们区别于同类的其他动物。变色龙是典型的有着极大身体灵活性、可以在很多环境下生存的动物，但纳米比亚变色龙却是个例外。即使在变色龙里，它们也是很奇特的，它们克服了身体只能很好地适应一个栖息地的限制，而是可以在另一个完全不同的环境中生存。

　　几乎所有的变色龙都栖息在非洲和马达加斯加，也有少数栖息在亚洲和南欧。变色龙主要可以分为两类。一类比较小，仅存在于马达加斯加的侏儒枯叶变色龙，主要栖息于落叶层；其他130种体型就大得多了，比较引人注目，主要生活在某种特定的环境中。其他动物的生活环境比较广泛，诸如山脉、洞穴或深海，而变色龙则只能生活在树枝上。

　　变色龙的身体结构及习性和其他爬行动物有很大区别。变色龙爬行很缓慢，身体前后摇晃模仿树叶摆动。它们的脚趾就像钳子似的是分开的，这很适合抓住树枝和枝杈。但是它们偶尔在平坦的地面爬行时，这样的脚趾用处就不太大了。变色龙爬行速度缓慢，经常追不上猎物，所以它们会等待猎物送上门来，然后迅速伸出舌头将其吞掉。

　　爬行动物一般只适合生存在一种环境中，不太可能生存在其他环境中，这样它们就会走进生物学上的死胡同。然而，纳米比亚变色龙却能做到这一点，它可以在另一种几乎完全不同的环境中生存繁衍，这样的地方被称为"开放空间"，如纳米布沙漠，即沿纳

右图　正在暖身的纳米比亚变色龙。清晨，变色龙会将一半身体变暗来吸收太阳光，而另一半身体却变成白色以防止热量散失，这是变色龙为了适应沙漠生活的非凡能力。

米比亚的大西洋海岸、由开阔的砾石平原和巨大的沙丘组成的沙漠。

生活在纳米布沙漠的挑战非常大。变色龙有着适合抓住细枝的脚，但是这里的地貌基本都是平地。变色龙行动很缓慢，但是这里最丰富的食物就是爬行相当快的甲虫，因为它们要防止在炙热的沙子上烫伤自己的脚。变色龙一般过着潜伏隐蔽的生活，但在沙漠上几乎没有藏身地以躲避高温和捕食者的追捕。变色龙的独立性很强，但由于数量庞大，因此它们不可避免地会碰到彼此，然后繁衍后代。但在一望无际的纳米布沙漠里，纳米比亚变色龙的数量却很少。

纳米比亚变色龙可能在这里已经生活了相当长一段时间了。纳米布沙漠是地球上最古老的沙漠，已经存在了 5 500 万年之久，所以很多动物已经演化出了能生存在如此严峻环境中的特殊手段。这里有一种蜘蛛会将蚂蚁拖到炙热的沙子上烤死它们；有一种蜥蜴在站立时可以让两肢离开炙热的沙子，而用另两肢保持平衡；蛇和鼹鼠可以在沙子中游动；甲虫能将海雾凝结在背部，这样水珠就可以流进嘴里。

纳米比亚变色龙也有一些生存的手段。它们的脚

124

上图　交配追逐。在这样恶劣的环境中，变色龙分布得很分散，雄性变色龙可能要好几个月才会碰到一只雌性变色龙。所以当遇到时，不管雌性变色龙愿不愿意，雄性变色龙都会和它交配，有时可能使用暴力和追逐。

右页图　纽埃岛上的带有金色花纹的海蛇在蛇沟中休息，蛇沟是蛇喜欢聚集的地方。大概每隔 15 分钟，蛇就需要游到水面上呼吸一下空气。

趾可以像其他变色龙一样分开，当踏在沙子上时，脚趾就会伸展开形成宽阔平坦的脚掌，有利于行走。它们也可以像其他变色龙一样等待猎物经过，但不同的是，它们能快速地追捕猎物。纳米比亚变色龙最大的威胁来自搜寻猎物的鸟类，遇到危险时，它们会迅速拱起身体，把自己压进沙子中，变成一个黑影，看起来就像一块小鹅卵石。它们适应环境最神奇的地方就是身体的不同部分会有不同的颜色——早上身体一半变暗来吸收阳光，另一半变成白色以防止热量的散失。

对纳米比亚变色龙来说，生活在沙漠最大的挑战可能是繁衍。在如此广袤的沙漠中，四处走动的雄性变色龙偶尔发现了一只雌性变色龙，就必须抓住这个千载难逢的机会和它交配。没有任何微妙的活动余地，

雄性变色龙从侧面先慢慢靠近雌性变色龙，尽量平展它的身体使自己看起来更高大威猛，更令雌性变色龙印象深刻，同时身体变成对比鲜明的颜色，表示它现在很兴奋。如果雌性变色龙对此没有表现出任何兴趣，那么雄性变色龙就会追赶上去，用头撞击，咬它，让雌性变色龙屈服，然后雄性变色龙就爬到雌性变色龙身上进行交配。一阵追赶和一次次交配，直到雌性变色龙最终逃离，雄性变色龙才会罢休。对变色龙来说，这是适应地球上最严峻的生存环境之一的一种残酷但行之有效的手段。

水下毒蛇

对任何陆生生物来说，要适应完全的水下生活，会有很多特别的困难——水下如何运动，捕食者的威胁，繁殖后代，进食和呼吸，等等。面对这些问题，海蛇有着很完美的解决办法。地球上这种有着小斑点的特别物种以一种既别出心裁却又十分简单的方法解决了这些看似无法解决的问题。

进入海洋，蛇就等于摆脱了陆地上残酷的竞争。蛇本身那种正弦曲线似的蜿蜒滑行，就很适合水下生活。进入水下后，它们的身体变得更细长，这样就可以轻易地在水中游动，而它们扁平似划桨的尾巴更为游动提供了助力。即便这样，从速度和灵活性上讲，蛇还是追不上鱼类。这也是它们最明显的特点。很多海蛇能够释放出毒性惊人的毒液，虽然海蛇很少咬伤更不会咬死人类，但从毒性上讲，海蛇可以和世界上毒性最强的箱形水母（也称盒水母、海黄蜂）、漏斗网蜘蛛和石头鱼等生物并驾齐驱。它们的毒性弥补了行动上的迟缓，能够在几秒钟内使猎物瘫痪。

上图　正在交配中的纽埃扁尾海蛇。雄性扁尾海蛇趁雌性海蛇游到海面呼吸时将其缠住，身体紧紧地扭住雌性海蛇，以防交配时雌性海蛇逃走。雌性海蛇甚至会游到窄缝中以设法摆脱雄性海蛇。一旦交配完毕，雌性海蛇会马上游走。

左图　一条小海蛇正从皮质似的卵壳中钻出。这些卵产在海平面以上峭壁洞穴的气穴处。如果卵产在海中，小海蛇会窒息而死。

右页图　一团蛇正在休息。为了充分地休息，蛇必须离开水找到一个能够安全呼吸的地方，它们通常都会选择有着水下入口的洞穴。

对蛇来说，水下呼吸是一项很大的挑战。海蛇没有鳃，所以必须时不时地露出水面呼吸。但是它们有着和身体长度相当的肺，这又能使它们潜入水下很长时间。它们可以将气管和鼻孔封闭，因此只需要偶尔地呼吸一下空气就可以了。但是一些海蛇仍然依赖空气和陆地。繁殖后代是一个更大的问题。海蛇从毒蛇类演化而来，这些毒蛇包括眼镜蛇和树眼镜蛇等，它们将卵产在岩石、原木或缝隙中，卵通过卵壳呼吸氧气。但是海水中的氧气不如空气中的多，所以海蛇并不会将卵产在水下。62 种海蛇中的大多数通过卵胎生，直接产下幼崽来解决这个问题，但有 5 种扁尾海蛇却仍保持着原来的习性。雌性扁尾海蛇不得不将卵产在陆地上，将它们自己、卵和刚孵化出的幼蛇暴露

给陆生的捕食者。但是有一种栖息在太平洋纽埃岛周围的扁尾海蛇，以一种极为聪明的办法解决了这个问题。它们也是将卵产在陆地上，但却产在了任何捕食者都发现不了的地方——岛屿下面。

纽埃岛是海底山脉露出水面的石灰岩的顶部，质软多洞。蛇可以从水下通道游到洞穴处，洞穴的尽头是有着气泡的干燥陆地，它们爬进洞穴壁以及顶部的缝隙和岩架中，在此产下卵然后离开。远离了陆地捕食者，这些卵在这个安全的地方可以待几个月，每次涨潮时产生的薄雾会压缩空气，可以保持卵壳湿润。孵化后，这些小蛇会滑到水中，不停地翻腾，然后游向阳光照射的大海。依赖陆地生存的动物可以完全水生化，海蛇就是一个最完美的例证。

第六章

聪慧的鸟儿

有着爬行动物的特征，也有着明显的羽毛印记；体型有企鹅那么大，有着长长的骨感的尾巴，颌骨处有牙齿，每个前肢都有 3 个分开的趾，趾的末端是弯弯的爪子。采石工人在巴伐利亚有着极细纹理的侏罗纪石灰岩中发现的鸟是已知最早的鸟类，自恐龙时代以来就已变成了化石，它现在被称为始祖鸟，意思是"石板上的古老翅膀"。

　　1.5 亿多年前，鸟类给地球带来了多姿的色彩、美丽的景观和优美的歌声。今天我们所知道的鸟类大概有 10 000 种。其中只有 1.8 克重的吸蜜蜂鸟是最小的一种，它们却能在一秒钟扇动翅膀 200 多次。与之相比的是，有着 3.5 米翼展的信天翁能够在广袤的海洋上空飞翔长达数小时而不拍打一次翅膀。北极燕鸥一年的总飞行里程可达到 3.5 万千米，一生中总飞行里程超过 100 万千米。帝企鹅可以"飞"进南极洲极其寒冷的冰水中，潜进深达 500 米的水下，并在水下憋气长达 20 分钟。鸵鸟已经丧失了飞行的能力，取而代之的却是庞大的体型。鸟类中说到豪华，要数极乐鸟了，其鲜艳的色彩和无与伦比的美丽是无法超越的。

　　鸟类克服了陆地动物行动上的很多局限而成为空中主宰。虽然昆虫比鸟类早 2 亿年就已经在空中飞了，但是鸟类的飞行速度却超过了昆虫，因为昆虫的体型受外骨骼的限

左图　正在展示飞行绝技的雪鸮。正因为有了这项技能，鸟类才能自由生存。每个物种的羽毛都随着它们生活方式的变化而不断演化。对猫头鹰来说，羽毛能够保暖，尤其是在夜间飞行时，而且翅膀扑扇的声音也很小，很方便捕食。

左页图　帽带企鹅的翅膀演化成鳍状肢，羽毛也极适应冰冷的海水环境。它们的羽毛紧密包裹地排列叠加在一起，带有绒毛的翅膀下面可以藏住空气，用来隔绝外界的寒冷，也可以用来当防水层。

第 128~129 页图　雄鹊鸭正在展示自己五颜六色的羽毛。它们的羽毛除了保暖和防水，还代表着健康和英勇，可以用来吸引配偶。

制无法超过固定的大小。鸟类的翅膀可以让它们悬停、翱翔和俯冲，还可以倒立和倒退着飞行，甚至可以环行整个世界，对不断变化的季节、进食机会和彼此交流做出反应。

真正使鸟类区别于其他生物的特征是它们的羽毛。这些羽毛可能是从祖先前肢后缘长长的有些破损的鳞片演化来的，这些鳞片对滑行和降落都有用处；也有可能是一些鳞片变成了类似羽毛的东西，以便调节温度，特别是作为隔热层，可以使鸟类的祖先活跃地栖息在极其炎热的地方。无论是哪一种情况，羽毛的出现都是演化的一项很大的突破。与头发和指甲中的蛋白质相似，鸟的羽毛也是由角蛋白构成的，它们既坚固又轻暖，还不失灵活性。羽毛的隔热性可以使鸟类的体温维持在 40℃ ~ 42℃，羽毛还能提供动力、升力和机动性，而且羽毛本身自带的五颜六色，既可以用来交流，也可以做伪装。

羽毛和飞翔的能力可能会使鸟类区别于其他动物，但鸟类也与其他动物一样面临着同样的挑战——寻找足够的食物，躲避捕食者，吸引配偶，繁衍后代，等等。比如，小火烈鸟会选择群体栖息在肯尼亚湖具有碱性但很安全的地方，一大群白鹈鹕会使用武力抢夺开普塘鹅的领地，而鸟头半岛上的雄性园丁鸟会通过装饰它们的巢而不是它们身上的精细的羽毛来吸引异性。

上图　小火烈鸟有着所有鸟喙中最奇特的一种功能，用来过滤温暖的、带有腐蚀性的水中的螺旋藻（蓝藻），这种水对大多数鸟来说都是有毒的。

右页图　一大群小火烈鸟聚集在肯尼亚博戈里亚湖，非常壮观。这些鸟以这里营养丰富的螺旋藻为食。螺旋藻中的色素使火烈鸟呈现出粉红色。众多的火烈鸟集中在一起有着数量上的优势，加上这片碱性水域的阻隔以及它们强大的飞行能力，使得很多捕食者望而却步。

选择栖息在具有碱性的水边

东非大裂谷绵延 6 000 多千米，并且有着一连串的湖泊。这些湖泊的水很少流出去，就像一个富含烧碱（氢氧化钠）的大锅，即水里富含碱性矿物盐，这里的土壤温度可以达到 60℃ ~ 65℃。然而小火烈鸟却懂得如何利用这种极端的环境，这很让人吃惊，场面也很壮观。小火烈鸟的名字来源于拉丁语"火焰"，意思就是火，有时也被称为火焰鸟。

肯尼亚博戈里亚湖的一侧是巨大的悬崖裂谷，而另一侧则是热气腾腾的喷口，向空中喷出一股股沸腾的热水。小火烈鸟来到这里是为了找寻螺旋藻，这种螺旋藻是一种蓝藻（通常又被称为蓝绿藻），它们在这温暖的富含碳酸盐和磷酸盐的水中定期爆发性地繁殖，将这里变成有营养价值的"绿色豌豆汤"。只有小火烈鸟才能充分利用这宝贵的资源，它们可以用自己极其特别的弧形喙过滤表层水。这种弧形喙有 1 万多个薄薄的筛板——齿层。小火烈鸟的足搅在水中，

上图　鱼鹰正在攻击小火烈鸟鸟群外围的一只小火烈鸟。鱼鹰和非洲秃鹳一般会选弱小、生病和落伍的小火烈鸟下手。

左图　小火烈鸟开始跳舞行进，它们昂首挺胸，将自己的羽毛皱起，尽可能让自己看起来呈粉红色，一群小火烈鸟昂首阔步，吸引来了更多小火烈鸟加入其中，结成了对儿。

头部左右摇晃，舌头就像活塞一样伸进伸出——这个动作一秒钟可以做 20 次，一天可以过滤 20 升水，并从中提炼出 60 克珍贵的螺旋藻。螺旋藻中类胡萝卜素的颜色赋予了小火烈鸟的颜色，它们把整个湖变成一片粉红色。

　　繁衍季节来临的时候，会有 100 多万只小火烈鸟——大概占火烈鸟总数的 1/3——聚集在肯尼亚博戈里亚湖周围，收获这种螺旋藻。为了解渴，成千上万只成年小火烈鸟挤到几个主要的淡水河口喝水、洗澡。而未成年的浅色的小火烈鸟则被迫留在外围，一般是在湖岸边，这就导致它们极易被东非狒狒和非洲鱼鹰等捕食者攻击。非洲秃鹳捕食小火烈鸟时会用很精明的办法——先沿着湖岸慢慢行走，然后突然冲向鸟群，看看有没有比较弱小或是受了伤而落伍的小火烈鸟，最后用有力的喙攻击它们。

　　如果湖边的食物比较充足，小火烈鸟有可能会进行野生动物中最壮观的一场表演——令人目眩的求爱舞。一群小火烈鸟开始行进，它们的羽翼晃动着，头

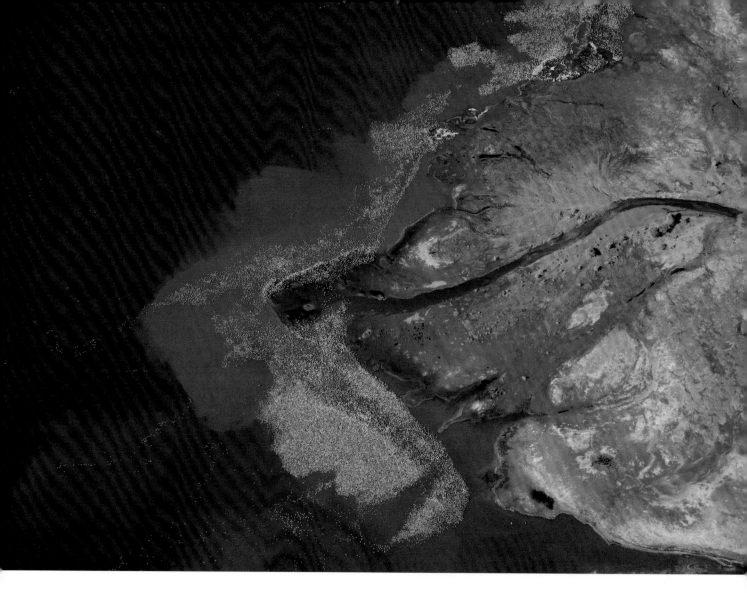

部轻轻摇晃着，啜啃咬着，脖子摇动着，同时发出有特色的声音。随着势头的发展，越来越多的小火烈鸟加入其中。它们快速挪动的脚步和移动的身体非常整齐顺畅，就好像在水上滑行一样。"舞会"上的小火烈鸟羽毛很蓬松，伸长的脖子看起来也比平时更粉嫩一些，这极其明显的特征在宣告它们已经准备要繁衍后代了。

　　这支沸腾而壮观的队伍会不断地分裂、结合和改变行进方向，这是为了帮助小火烈鸟达到生殖的同步性。我们并不知道究竟是什么导致一对小火烈鸟结合并交配的，是头部昂起的高度、鸣叫声、羽毛的色彩、身体的健康程度，还是脖子和翅膀摆动的次数，抑或是其中几个因素的结合？无论是什么原因，这场声势

生命 非常的世界

136

浩大的行进表演拉开了小火烈鸟繁衍筑巢的序幕。

　　生物的专一化既有优点又存在问题。螺旋藻是一种极富营养价值的资源，但同时也充满了不确定性。藻华的消亡速度和它们出现的速度一样快，所以小火烈鸟就像游牧者似的四处寻找着机会。它们不停地在夜深人静时从一个湖飞到另一个湖，寻找着大裂谷带最好的螺旋藻资源。比较适合觅食的湖基本上位于北起埃塞俄比亚、南到纳米比亚盐田的整个非洲地区，但是小火烈鸟最喜欢选择两个地方筑巢——坦桑尼亚的纳特龙湖和博茨瓦纳的马卡迪卡迪盐湖。之所以喜

欢选在这两个地方筑巢，可能是因为这里的湖泊能够提供遥远和相对安全的筑巢地点，捕食者比较少，而且在年份不错的时候，会有充足的食物供给。但是没有人知道确切的原因。我们所知道的就是这种繁衍筑巢的盛世并不是每年都有的，有时五六年都不会有一次。开始筑巢时，小火烈鸟会用小泥球在离地不太高的地方建起圆锥形的小土堆，这样既凉快又可以防止洪水。小火烈鸟一次只下一枚卵，如果能够顺利孵化，雏鸟就可以加入所有刚孵化的幼鸟群中，但并不意味着它们可以安然地长大，因为栖息地就好像螺旋藻的供给一样变化无常。

在最潮湿的年份，巢穴很有可能被洪水淹没，雏鸟会被淹死；在旱季时，雏鸟可能会死于炎热的天气或者食物短缺。那些安然度过了这些最危险的起点的小火烈鸟会发现，即使是到达最近的地点获取食物和水，它们也得冒险穿越数千里，经过极热和含碳酸的黏性水域。虽然众多的小火烈鸟聚在一起有安全保障，它们的父母也会在夜间供给它们足够的食物，但它们仍需要摆脱这片含碳酸水域的束缚，或者摆脱肉垂秃鹫的捕杀，才可能有一线生存的机会。小火烈鸟能够活下来真的算得上是一个奇迹。

近年来，生活在这片湖泊上的小火烈鸟又面临着新的甚至可能更严峻的挑战。有人提议开采纳特龙湖的碳酸钠，以及利用水力发电，这有可能给火烈鸟带来一系列的生存危机，如增加捕食者的数量，改变湖水平衡性及化学物质。同时，其他地方的土地争端、水污染和人类的破坏都有可能威胁栖息在这片险恶环境中的美丽生命，这应该引起人们的关注。

红腹滨鹬的迁徙时钟和中途停靠站

红腹滨鹬是鸟类世界中长途迁徙的冠军代表，它们几乎要飞过整个地球的距离，而且一年不只飞一次，而是两次。获取食物成为它们调节生物钟的标准，所以时间的把握相当重要。

在每年的 3 月中旬到 4 月中旬，南方的冬季来临时，这些小水鸟就会飞离智利和阿根廷的栖息地——火地岛，前往北半球加拿大极地地区的繁衍地。单程大约有 1.7 万千米。对翼展只有 50 厘米的鸟来说，这趟飞行可谓壮举，能否成功飞到目的地取决于对时间的把握和对一些重要的周期性的停留地的选取。

红腹滨鹬这趟迁徙路途停靠的第一站就是巴西南部沿岸地区，但是最后和最重要的停靠站是北美洲大

下图 鲎爬到特拉华湾产卵，一群饥肠辘辘的红腹滨鹬正焦急地等待着这场盛宴。对这些飞行动物来说，这里是它们长途飞行中一个非常重要的停靠站，把握恰当的时机是非常重要的。

西洋沿岸的特拉华湾。在 5 月的下半旬，尤其是满月和新月潮水涨到最高时，特拉华湾的沙滩会吸引一种很奇特的生物——鲎。

实行上这种海洋动物并不是螃蟹，而是古老节肢动物中的一员，和蜘蛛、蝎子相近。化石证据显示，这种动物 2.5 亿年来几乎没有发生太大的变化。鲎主要靠大陆架沿岸的海洋蠕虫和一些贝类为生，但是在

春末时，它们会迁徙至受保护的近海岸沙滩，如特拉华湾沙滩产卵。

在夜晚、黄昏和黎明时分，大群的鲎会向岸边移动。一只或多只雄性鲎会紧紧地缠住雌性鲎，试图为雌性鲎产下的上千枚小绿卵受精。在一季中，一只雌性鲎会产下大约 8 万枚卵，它会将大部分卵掩埋起来以防红腹滨鹬找到。但是海浪和其他的鲎会让这些卵暴露出来，使其成为红腹滨鹬和其他无数只迁徙途经大西洋的滨鸟的大餐。包括翻石鹬、三趾鹬、半蹼滨鹬在内的 11 种迁徙鸟类在两到三周的短暂停留中都靠鲎卵作为主要的食物供给，以补充体力。在鲎产卵

下图　红腹滨鹬正在大快朵颐，它们吃着这些遍布在鹅卵石上的卵。在短短的几周内，红腹滨鹬的体重将会增加一倍，这为它们飞到极地地区繁衍做好了准备。

的高峰期，很多鸟类都会停留在此，特拉华湾的海滩会变成一片由飞舞的羽翼形成的"暴雪"。

经过长途的飞行，筋疲力尽的红腹滨鹬刚到这里时体重只有 90~120 克，但是在储存了大量的脂肪和蛋白质后，在 6 月初它们飞离这里的时候，体重差不多是来时的两倍。这样做既是为了保证有充足的能量飞过剩下的 2 400 千米到极地地区产卵，也是为了顺利度过到达极地时当地食物补给不足的困难时期。据估算，为了达到上述目的，红腹滨鹬需要在它短暂的停留期吃下多达 40 万枚鲎卵。

一项空中调查显示，在 20 世纪 90 年代初，特拉华湾的红腹滨鹬大概有 10 万只，但此后红腹滨鹬数量锐减，到 1999 年大约只剩下 5 万只，到 2008 年只剩下 1.5 万只。照此发展下去，红腹滨鹬很可能会在未来 10 年内灭绝。

红腹滨鹬数目减少的一部分原因可能是它们主要栖息地的减少，主要的过冬和迁徙地被污染，以及旅游业的发展。由于鲎被大量捕获用作海螺和鳗鱼渔业的诱饵，导致特拉华湾的鲎卵剧减，而这也有可能导致飞往极地的这些鸟没有食物，无法增加体重。

虽然现在捕杀鲎的行为有所控制，而且在特拉华湾入口处专门为鲎设置了保护区，但是却没有丝毫迹象显示鲎的数量有所回升。再加上鲎到 10 岁左右才能繁衍，目前这种情况对小红腹滨鹬来说非常危险，因为红腹滨鹬的繁衍十分依赖这些史前海洋生物所产的卵。

灵活操控的鸵鸟

鸵鸟是世界上最大的鸟类，雄性鸵鸟高达 2.7 米，重达 150 千克。庞大的体型决定了它们无法飞行，但

上图　雄性鸵鸟在夜间负责孵卵。在夜间，雄性鸵鸟的深色羽毛会比头号雌性鸵鸟起到更好的隐蔽作用，雌性鸵鸟则通常负责在白天孵卵。当卵的数量超过头号雌性鸵鸟能舒服地坐下来孵化的数量时，它就会抛弃一些其他雌性鸵鸟在巢里产下的卵。

是它们却有着适应陆地生活的卓越能力。虽然它们的翅膀已经退化成用来展示和调节温度的大羽毛，但是长长的、肌肉发达且只有两趾的双腿却可以使它们的奔跑速度达到 70 千米 / 小时。鸵鸟的眼睛直径约有 5 厘米，当它们站在高处俯瞰时，视力极佳。这些鸟中巨人另一个让人惊奇的地方就是它们的筑巢技巧。

在马赛、索马里、北非、南非有 4 个亚种的鸵鸟。它们生活在半干旱地区，这里有着稳定的植物供给和相对开阔的视野，这样它们很容易就能发现狮子和猎豹之类的潜在捕食者。在肯尼亚的研究发现，当雄性

马赛鸵鸟进入交配季节时，它们脖子上淡粉色的皮肤会变成亮红色，还会发出低沉的声音来宣告自己的领地。雄性鸵鸟会与很多雌性鸵鸟交配，通常还会上演一场非常壮观的"炫耀"表演——雄性鸵鸟会蹲下，左右交替扇动和摇摆它们的双翅。交配一般在雄性鸵鸟向雌性鸵鸟展示的巢附近。第一个在雄性鸵鸟挖的巢穴里产卵的雌性鸵鸟要负责守护和孵卵，它被称为头号雌性鸵鸟。它每隔两天会产 8~14 枚卵，但让人惊讶的是，这只雌性鸵鸟也会允许其他雌性鸵鸟在它的巢穴里产卵，只要它们是由雄性鸵鸟带来的就可以。

鸵鸟卵是世界上鸟卵中最大的，有厚厚的壳，重达 1.9 千克，尽管卵的大小和产下这些卵的鸵鸟的大小对比差距有点大。研究表明，那些不是头号雌性鸵鸟的雌性鸵鸟可以多产下 3~20 枚卵。头号雌性鸵鸟只能轻松地孵化 20 枚卵，但是它却知道哪些卵是自己产的，哪些是其他雌性鸵鸟产的。头号雌性鸵鸟可能是根据卵的外表、大小和形状来判断，并会将其他

雌性鸵鸟产的卵推出巢外。

头号雌性鸵鸟白天孵卵的时候可以一动不动地待 90 分钟再换位置，有时会翻动卵。它们不仅要孵卵，还要给卵遮阴，防止卵的温度过高。在干旱的沙漠地带，雌性鸵鸟棕色的羽毛可以起到很好的掩护作用，而在夜晚，由羽毛颜色更深的雄性鸵鸟孵卵。

在整个非洲，狮子、斑鬣狗和豺狼是鸵鸟的主要捕食者。豺狼发起的群体攻击会将鸵鸟卵击碎，狮子和斑鬣狗的下颚非常有力，可以将卵壳咬碎。在东非，埃及秃鹫会从空中扔下有尖头的石头将坚硬的卵壳打破。

孵化从开始到结束需要 6 周时间，当小鸵鸟被孵出后，主要由头号雌性鸵鸟和雄性鸵鸟照看，它们

会时刻提防像猛雕和斑鬣狗这样的捕食者。另一个让人惊奇的点是，它们有时会允许或吸引其他家族的小鸵鸟和它们的孩子凑到一起组成一个"超级小鸵鸟幼儿园"。人们认为，很多小鸵鸟凑在一起可以减少自己的孩子被捕食者捕杀的概率。生存下来的小鸵鸟凑在一起会迅速成长，在一年内就可以长到成年鸵鸟的高度。

引诱甲虫的猫头鹰

在鸟类中，喀里多尼亚乌鸦、埃及秃鹫和啄木鸟都是使用工具的巧匠，但近年来，科学家又发现了另一种会使用奇特工具的巧匠。

穴小鸮生活在北美、中美和南美大部分地区的开阔草地和农耕平原上。除了栖息在北极苔原地带的较

下图·左　在洞口等待喂食的穴小鸮雏鸟。

下图·右　成年雄性穴小鸮会收集母牛或野牛的干粪，以便雌性穴小鸮在洞口处产卵。

第 142 页图　雄性穴小鸮在粪便掩埋好的洞边。当它外出捕食时，它的孩子以屎壳郎为生。

大个的雪鸮，穴小鸮是美洲唯一一种愿意在地上安家的猫头鹰。没有什么地方比遍布整个北美大平原的草原犬鼠挖的洞更适合做穴小鸮的洞穴了。

草原犬鼠挖的洞穴深达 2 米，洞长可达 4.5 米，洞穴有很多出口。废弃的通道很凉爽，对筑巢的穴小鸮来说是一个非常安全的藏身地。

穴小鸮的体型相比栖息地广袤、开放又处处充满危险的平原来说要小得多，因此穴小鸮和草原犬鼠需要在它们巢穴的洞口处观察黑足鼬和王鹫等捕食者的行动。因此草原犬鼠会把洞口的草修剪得很好，但是穴小鸮却要保持它们洞口周围的草不要太高，以免影响隧道的空旷。如果察觉到有危险靠近，它们就会迅速向彼此发出警告。草原犬鼠会吠叫，穴小鸮会发出独特的"咔咔咔咔"的警报声，它们之间配合得很默契。

科纳塔盆地与南达科他州的恶土国家公园接壤，穴小鸮在南方度过冬季后会在次年 5 月初回到这里，并开始交配。它们的交配伴随着一系列动作——眼神的交流，展示闪亮的白色斑纹，发出咕咕的叫声，弯身，抓挠，以及不断地展示飞行技巧，这时雄性穴小鸮会迅速飞到 30 米高的地方，在俯冲回原地之前会在空中盘旋 5~10 秒。成对的穴小鸮会在它们前一年用过

的洞穴里筑巢，用一些干燥的材料铺好洞穴。接下来雌性穴小鸮会在这里产下6~9枚卵，然后孵化一个月左右。雄性穴小鸮会在黎明和黄昏时分捕食并精选食物，例如老鼠、蚱蜢、蝎子、青蛙和小鸟，带给雌性穴小鸮吃。为了捕食给雌鸟，雄性穴小鸮会用到很多巧妙的捕食策略。

雄鸟会四处搜寻母牛或野牛的粪便以及其他动物的排泄物，然后用爪子运回来，并小心地安置在洞穴的入口处，或者搬运到洞穴里面的隧道里，囤积起来。这些粪便就像诱饵一样，粪便的味道会引来屎壳郎等其他昆虫，它们可能会钻进洞穴。这些粪便对穴小鸮来说简直就意味着家门口的食物。北佛罗里达州的一项研究表明，这种策略很成功，在粪便充足的情况下，它给穴小鸮一家带来的是它们正常食量10倍的屎壳郎。还有些人认为，在洞口堆积粪便还有其他用处，比如作为一种视觉信号，告诉它的邻居这里的洞穴已经被占用了，但是这个观点还有待进一步确认。

到6月下旬的时候，通常会有四五只（有时会更多）毛茸茸的雏鸟钻出洞穴。不久它们就会四处跳跃，跌跌撞撞地滚回洞穴，在草原上练习扑腾翅膀。当雏鸟渐渐长大，它们的父母会渐渐忽略它们刺耳的求食声。当长到6周大的时候，它们就要离开洞穴外出捕食了。当它们找到配偶时，雄性穴小鸮十有八九都在从事着从父辈那里遗传下来的收集牛粪的工作。

喙和肚子容量一样大的鸟

鹈鹕，多么神奇的鸟，
它的喙可以装下比胃里还多的东西。
装进喙里的食物，
可以维持它一周的生活。
天呐，我可不知道它是怎么做到的。

——狄克逊·拉尼尔·梅里特，1910

下图 白鹈鹕正要吞下一只小开普塘鹅幼鸟，然后把它的内脏喂给自己的孩子。达森岛的白鹈鹕还会侵占海鸥、燕鸥和鸬鹚的领地，这是由沿海鱼类减少而导致的。

上图　炙热巢穴中的一只小白鹈鹕。它黑色的羽毛有利于调节热量。虽然黑色在太阳的照射下会很快升温，但是小白鹈鹕黑色的羽毛会比白色蓬松的小绒毛更隔热。

右图　鹈鹕中一种比较常见的合作捕食法——鹈鹕会围成马蹄形将鱼包围起来，然后将它们驱赶到浅水区，这样鹈鹕就可以轻易地将鱼捞起来。

　　白鹈鹕是最大的飞行鸟类之一，飞行时翼展约有3米。鹈鹕属于群居性动物，在栖息地内共同生殖繁衍。80%的鹈鹕分布于非洲，虽然它们绝大多数都聚居于内陆湖上，但在距离南非西开普敦省9千米的一个小岛——达森岛上，还有一个孤零零的分布区。

　　白鹈鹕于1955年开始在达森岛安家落户、生存繁衍。当时由于毛皮海豹（准确称呼为海狗，但不属于海狗科）数量的迅速增多和捡拾鸟粪（海鸟的排泄物）等因素的干扰，20~30对白鹈鹕从法尔斯湾的海豹岛飞到这里安家。今天，达森岛的白鹈鹕数量已增长到大约700对。

　　白鹈鹕最长可以活到30岁，在三四岁时达到性成熟。在达森岛，它们大概在8月份筑巢，一般会产

下两枚卵，然后孵化一个月。通常只有一只小白鹈鹕会被养大，即使是这样，仍然需要耗费很多精力给雏鸟寻找充足的食物。直到 20 世纪 70 年代，达森岛白鹈鹕才飞到了内陆地区的淡水湿地和河口地区捕食鱼类。它们有时会通力合作来捕捉鱼类，一起围成马蹄形将鱼儿赶到浅滩上。但是近年来，白鹈鹕发现了新的食物来源，它们会吃鸡或猪的内脏，还有那些外来入侵的鱼类。因此，它们的数量大幅度增加，但是随着养鸡场的关闭，没有内脏可食用的它们只能将目光转向了海鸟。

几乎与白鹈鹕在达森岛筑巢的同一时间，成千上万只开普塘鹅也会在附近的马尔加斯岛繁衍生息。在海洋鱼类繁盛的时候，开普塘鹅会从很高的高度俯冲向海面捕捉凤尾鱼和沙丁鱼喂食给饥饿的小开普塘鹅。成百上千只开普塘鹅像利剑一样射向海面，场面相当壮观。

过去，如果开普塘鹅父母中的一方外出捕鱼，另一方就要待在窝中照看雏鸟。但是近年来，由于鱼类资源的减少，开普塘鹅父母可能都需要外出捕食，这样它们的孩子就待在窝中没人看守了。之前白鹈鹕并没有注意到这种情况，但是有一天，一群留守的白鹈鹕在领地转悠时发现了小开普塘鹅，于是就用它们的喙，将小开普塘鹅装进喉囊中，然后再吞下苦苦挣扎的小开普塘鹅。只有一些较大个的小开普塘鹅和有防御能力的父母在旁边的小开普塘鹅才有可能躲过这致命的一劫。

除了捕食小开普塘鹅，白鹈鹕还在达森岛上捕食开普鸬鹚、黑背鸥、大凤头燕鸥甚至非洲企鹅的雏鸟等。这种行为似乎很残忍，但是为了应对种群之间激烈的生存竞争，白鹈鹕需要喂养更多嗷嗷待哺的小白鹈鹕，因此它们利用巨大的喙吞食轻易可以捕捉到的

上图　帽带企鹅将磷虾喂食给长得很快的小企鹅。为了在南极严寒季节来临之前收集足够多的食物让小企鹅长出足够多的羽毛，小企鹅的父母需要付出巨大的心血。

右页图　帽带企鹅家族在迪塞普申岛贝利黑德火山口边缘。由于火山喷发的热气，这里没有积雪，为企鹅早期的生殖繁衍提供了绝佳场所。但要爬到山顶，是对它们耐力极大的考验。

小猎物也不足为奇。

滴滴养育情

帽带企鹅从左耳到右耳有一圈黑色的条纹，就像头盔带，因此得名帽带企鹅。帽带企鹅是最争强好斗的一种企鹅，尤其是在抚养小企鹅方面。企鹅夫妇一般出现在南极半岛和南极辐合带的亚南极岛屿上，这里是极地水域和温带水域交汇的地方。迪塞普申岛是南设得兰群岛上活火山最多的一个岛，这里栖息着 14 万 ~19.1 万对企鹅夫妇。迪塞普申岛西南面的贝利黑德是企鹅最多的地方，这里聚集着大概 10 万只企鹅。

10 月份，春天来临，第一批企鹅回到岛上，开始向山顶爬去。雄性企鹅在这里争抢着最好的筑巢点——那些由于气候变暖或是地热而造成的没有积雪的地方。一只雄性企鹅找到筑巢点后，就等待着以前配偶的到来。大约 5 天后，它的注意力可能会转移到另一只雌

生命　非常的世界

性企鹅身上。如果雄性企鹅的原配最终出现了，两只雌性企鹅之间必然会有一场恶战，失败的一方有时还会被推下山坡。11月底，它们会将两枚卵放在小石头组成的圆形平台上，在12月下旬会将卵孵化出来。

帽带企鹅夫妇轮流守卫它们的孩子，防止亚南极贼鸥从空中侵袭，而另一只则需要天天外出觅食，这非常考验耐力。仅仅是下到海里就是一个挑战。熔岩峭壁非常陡峭，上面覆满了冰块，企鹅非常容易绊倒或滑倒。它们还要穿越湍急的雪融水流以及雪下的险峻峭壁。当历经千难万险终于到达海岸时，它们还要面对破坏力巨大的海浪。

帽带企鹅主要以磷虾为食。为了捕食，它们可能要游80千米的距离，还可能潜到100米深的地方。这些不能飞翔的企鹅有自己的办法，它们靠着翅膀的助推力，可以在一秒内游2米。在海中捕食数小时后，它们的肚子里装满了磷虾，然后带回去喂食给小企鹅。食肉的豹形海豹可能会潜伏拦截这些筋疲力尽的企鹅。如果逃脱，接下来就是长途跋涉地回到群栖地，找到它们的孩子，将带回来的食物喂给小企鹅。为了防止其他企鹅的啄食和贼鸥的骚扰，它们会将食物反刍给小企鹅。

回到巢穴后，它们面临着一个艰难的选择——给哪个孩子喂食，尤其是在小企鹅长到三至四周，和其他家庭的小企鹅混在一起的时候，这种选择更艰难。这一时期，企鹅父母对小企鹅的要求做出的反应可能是快速跑开。这有可能是企鹅父母在鼓励小企鹅探索一下外面的世界，或者是诱使它们离开其他家庭的小企鹅。还有一种可能性是为了考验小企鹅的奔跑能力，在这种情况下，最饥饿的小企鹅最有动力追赶大企鹅。这种追赶喂食法也有可能是用来分开小企鹅，这样小企鹅就不会为了吃食而相互争抢，减少了争抢过程中

上图　帽带企鹅准备跳进海中。帽带企鹅必须时时小心。为了回到岸上的喂养区，它们必须逃过豹形海豹的追捕，海豹会捕捉成年企鹅，尤其爱捕捉一些没有经验的幼年企鹅。

第 148~149 页图　帽带企鹅跳进海中。在水下游泳而不是在破碎的冰块中挣扎时，帽带企鹅更有可能逃过捕食者的追捕，有经验的成年企鹅比豹形海豹游得更快。

食物的丢失和浪费。无论是哪种可能性，跑得最远的那只企鹅才会有食吃，为了前方充满挑战的生活补充体力。

最后的冰上挑战

帽带企鹅大概是南极地区数量最多的企鹅之一，但由于它们筑巢会首选没有冰的地方，因此它们的繁殖分布受到了限制。这也说明了最大的企鹅栖息地，比如迪塞普申岛，往往在活火山附近。在南桑威奇群岛的扎瓦多夫斯基火山岛上，每年春末都会有多达200万只帽带企鹅到这里选地筑巢。但在更偏南的地方，积雪一直到10月下旬才会融化。那里的企鹅栖

息地范围相对来说要小一些，企鹅争先恐后地繁殖，等小企鹅数量达到一定规模时，它们要赶在秋季暴风雪来临前将小企鹅带到海边。在罗森塔尔群岛的岩石岛上繁衍的帽带企鹅在此形成了企鹅的一个栖息地，被昂韦尔岛白雪覆盖的冰川所掩盖。

夏末时，豹形海豹会在企鹅栖息地周围的浮冰上捕捉企鹅。此时，恰好是企鹅外出觅食给它们快速成长的小企鹅补充食物的时期。成年企鹅对于逃脱这致命的考验是很有经验的，它们很有可能逃脱被攻击的命运，但小企鹅就没那么好的运气了。

到了2月，当小企鹅大约9周大时，它们会褪下在过去的两个多月里为身体保暖的最后一层柔软、灰色、毛茸茸的绒羽，露出又短又坚韧的成年企鹅的羽毛，这些羽毛形成了一个保护屏障，可以抵御冰冷的海水和刺骨的寒风。在2月末的时候，小企鹅的父母就会抛下它们，让它们独立生存。小企鹅苦苦等待它们的父母出现，但最终什么也等不到。几天后，在急需食物的驱动下，它们就会来到海边。这些不知所措、十分饥饿的小企鹅会聚到一起，拍打着它们的鳍状肢，在岩石上滑行着。受同伴的影响，它们会在陆地上追逐一会儿，但进入水里的想法会越来越强烈，进水后没多久它们又会回到海岸上。

小企鹅第一次进入水中肯定很吃惊，因为海水冰冷刺骨，差不多只有 -2℃，而且它们以前从未尝试过游泳。虽然它们前一两次尝试可能会失败，然后很快退回到最近的岩石上，但是不久后它们还是会离开小岛进入水中。捕食它们的豹形海豹甚至都不用低下头，因为这些小企鹅实在是太天真了。它们在水中上下摆动，无力地拍打着水面，还不是很会游泳。

罗森塔尔岛很靠近昂韦尔岛，从昂韦尔岛滑下的冰川在罗森塔尔岛岸边形成了冰悬崖，这里会时不时

地滑下一些大大小小的冰块。网球大小的碎冰（浮冰）块滑进水中，被风和潮汐卷到一起，会形成碎冰带。这些碎冰块在群岛间肆意移动，阻挡了前往开阔水域的道路。对那些羽毛初长的小企鹅来说，这可能意味着灭顶之灾。

还没学会潜水的小帽带企鹅碰到这些碎冰块时没有转身，而是试图用它们的鳍状肢在冰面中开出一条路。它们在水中的挣扎引起了岸边豹形海豹的注意。小企鹅还在与这些冰块做着斗争，在浮冰上跳来跳去，丝毫没有意识到海面下游动的巨大生物。一只可怕的豹形海豹在小企鹅身后露出了头，然后又潜到冰下。这时豹形海豹就不需要着急了，因为小企鹅正被无助地困在浮冰中。突然小企鹅从海面上消失了，它被豹形海豹拖进了水里。在水下，豹形海豹拖着一动不动但仍然活着的小企鹅游到一个没有浮冰的地方。它会放开小企鹅，让小企鹅短暂地游走，然后豹形海豹会用牙齿咬住小企鹅，用力甩动它，在水面上左右拍打着小企鹅。几分钟后，被吃光的小企鹅的残骸将漂落到海底。

当然，每一批从海岸上游到水中的小企鹅只有少数的几只会被捉住，大多数会到达相对安全的开阔水域。在这里，它们将学会游泳、潜水、捕食，在下一季时会回到栖息地开始新的生命轮回。

惊为天人的尾巴

在美洲已发现的大约 320 种蜂鸟中，最稀有、最不寻常的一种是叉拍尾蜂鸟。这种蜂鸟仅存在于秘鲁，它们的独特之处在于只有四根尾羽，外面的一对呈球拍状，雄鸟尾羽的长度是体长的两倍，呈现出闪亮的蓝紫色，尾巴末端呈圆盘形的"抹刀状"，尾羽可以独立移动。在交配季节，雄鸟会以独特的方式展示它们的尾巴，在当地被人们称为"被蝴蝶追赶的蜂鸟"。

在科迪勒拉德尔科兰的里奥乌特库班巴山谷东部的高高的森林斜坡地带可以发现几处叉拍尾蜂鸟的栖息地。在 10 月到第二年 5 月的繁衍季节里，雄性叉拍尾蜂鸟会聚集在多刺灌木丛中——这里离地面仅有几米高，雄鸟站在枝头向来往的雌鸟展示、炫耀。站在树枝上的雄鸟看起来就像一个小乒乓球，尾羽像布帘一样垂下。当雌鸟经过时，它们会抬起君王般的蓝紫色羽冠，在头部上方轻轻拍打着夺目的尾巴，有时也会在树枝上扭动身体，喉咙部位呈现出闪亮的蓝绿色。为了加强展示效果，它们甚至会飞到空中。它们

下图 叉拍尾蜂鸟正在灌木丛暗淡的光线中展示它们美丽的、闪闪发亮的羽毛。表演的最后一部分是飞起来，并在枝杈上方盘旋。它们的翅膀发出呼呼的声音，尾羽抬得高高的。

在空中会摆出悬停姿态，然后回到原来的枝杈上继续炫耀，如此反复七八次，每次返回枝杈上时都会发出尖锐的咔嗒声。在下层灌木丛光线昏暗的地方，雄鸟喉咙部位和羽冠闪闪发亮的羽毛会让雌鸟着迷，这也可能是雄鸟身体健康的一个特征。这种求偶展示会持续15~20秒，如果其他雄鸟出现了，它们就会一决高下直到一方被击败并撤退。求偶展示完成后，雄鸟会在树枝上擦拭鸟喙，好像是在这场耗费精力的展示后清除身上的灰尘。

在求偶聚集地吸引到一只雌鸟，雄鸟需要重复多次地展示。一只雄鸟大约每隔一个小时就回到这里跳一次求偶舞，但即使最后雄鸟成功地吸引到一只雌鸟来到展示树枝上，也不能保证雌鸟会和雄鸟交配。最近一些证据显示，雄鸟会换尾羽，然后在下一个繁衍季节来临前重新长出新的尾羽。它们是已知的唯一一种以这种方式换尾羽的蜂鸟，这也说明了它们的尾巴在求偶时的重要性，同时也表明随着时间的变化，雌鸟的选择会有助于雄鸟神奇的蝴蝶般的尾巴的演化。

现在，叉拍尾蜂鸟的处境相当危险。几十年来，为了发展农业，大量的森林被砍伐，导致叉拍尾蜂鸟的数量急剧减少，现在只剩下不到1 000只。但是它们美丽的尾巴可能会拯救它们。随着教育的普及和对旅游业的大力发展，当地人越来越意识到叉拍尾蜂鸟的美丽并为它们感到自豪。以前会用弹弓打这种闪闪发亮的小鸟的孩子们现在会唱着关于叉拍尾蜂鸟的歌曲，在和自己的家人分享这种蜂鸟的故事时，也会心生自豪。

欢歌载舞时

当极乐鸟的标本第一次被贸易探险队带回欧洲

时，标本是没有翅膀和爪子的。欧洲人不知道翅膀和爪子已经被当地的商贩按照习俗切除了，因为只有这样，极乐鸟才能用作装饰品。欧洲人却据此认为这种没有爪子的鸟从不降落在地面上，仅飘浮在丛林中，像精灵一样，借助它艳丽的羽毛飘浮在空中，因此他们把这种鸟称为极乐鸟。

的确，印度尼西亚、托雷斯海峡群岛、巴布亚新

上图　一只正在展示自己的戈氏极乐鸟，它是巴布亚新几内亚最艳丽的鸟类之一。当与求偶竞争对手比拼歌喉时，雄鸟会上下挥动翅膀，高抬尾巴，让羽毛散落开来，这一切都只为赢得雌鸟的关注。

左页图　"被蝴蝶追赶的蜂鸟"在吸食花蜜后展示着它那拖在身后的漂亮的尾羽。

几内亚和澳大利亚东部的热带雨林就是动物的天堂，因为这里充足的食物可以让它们在相对短的时间内饱餐一顿，剩下的时间则用于求偶。食物富足的地方一般会出现密集的生物种群，求偶的竞争就会很激烈，求偶表演也变得异常精致。面对如此多的选择，为了给雌鸟留下深刻的印象，雄鸟的羽毛演化成了奇怪的形状。

戈氏极乐鸟常见于离巴布亚新几内亚西南部弗格森岛和诺曼比群岛的山坡丛林中。由于安德鲁·戈尔迪于 1882 年描述过该鸟，因此它得名为戈氏极乐鸟。雄性戈氏极乐鸟会在同一片场地或求偶聚集地成组地展示自己，有时会多达 10 只一组一起展示。它们绚丽的羽毛让正在观赏的雌鸟眼花缭乱，但是雌鸟根据什么区分它们呢？那便是它们的鸣叫声。它们的鸣叫声虽然算不上特别悦耳，但是多种多样的。雌鸟没有在场时，雄鸟会用"喔喔"或安静的"呼呼"声来召唤彼此。如果雌鸟被吸引到树上，鸣叫声就变成很大、很响的金属般的"嘶嘶"声。当两只雄鸟展示它们的

154

上图 站在展示藤蔓上准备表演的一只王极乐鸟。即使是雌鸟不在场，雄鸟在一天内也会跳好几次舞。在开始跳舞前，雄鸟会从附近的树枝上拔下一两片叶子，仿佛要把自己带进表演的情境中。雄鸟之所以能够整天展示它们的技巧，是因为它们所栖息的雨林中有着极乐鸟所需要的丰富水果和昆虫，这样它们就可以不用在觅食上花很多时间。

羽毛并开始鸣叫时，一只雄鸟先是发出响亮的带有金属质感的"喔喔"声，然后另一只雄鸟发出越来越急促的声音，直到鸣叫声变得连续。这种类似钻井的声音会响彻整个森林。

当雄鸟开始二重奏的时候，它们会在树枝上面对面，身体处在同一水平线上，头部略微下低。它们的翅膀会放得很低，呈展开状态并且上下摆动，好似在划船。之后雄鸟将羽毛提升起来，羽干呈垂直状，长长的羽毛向下垂落。这些极乐鸟可能也会在树枝周围飞动，展示的强度会逐渐增加，直到一只雄鸟停止表演，离开这个展示区的中心安静地躲到一边，观看剩下的雄鸟表演。胜利的雄鸟会停止四处飞动，慢慢停

止滑动羽毛的动作，不发出一点儿声音。相对木讷一点儿的雌鸟会安静地停留在雄鸟旁边一会儿，然后开始抖动翅膀。其他羽翼未丰的雄鸟则在场外作为观众，可能会和雌鸟进行短暂的交配，但大获全胜的雄鸟却不把它们放在眼里。长时间的展示过后，雄鸟会慢慢靠近雌鸟，用它的脖颈和胸部在雌鸟的背部来回摩擦，然后用它的翅膀将雌鸟包裹起来，骑在它的身上开始和雌鸟交配。

相比较而言，王极乐鸟是所有极乐鸟科中体型最小的一种，只有 16 厘米长，并有着独立的展示区。在阿鲁群岛、新几内亚和西巴布亚（之前称为伊里安查亚）的低地森林中会发现王极乐鸟的踪迹。雄鸟呈宝石般的深红色，有着白色的腹部，尾巴由两条长长的尾端线组成，尾巴尖上有着翠绿色的圆盘状羽毛。

虽然王极乐鸟的体型很小，却有着动人的歌喉，尽管这些声音大多是用来标榜领地的。最有特色的鸣叫声由一系列逐渐降低的音符组成：喔—嗡—哇。有时候一次会连续发出多达 15 个音符，大多数音符都很响亮、很快速，有时也会比较舒缓。事实上，一系列鸣叫声的音高和音量会有很大不同。雄鸟也会发出音调逐渐升高的鸣叫声，相较之下，这个声音更低沉洪亮一些；雄鸟还会发出一系列听起来像猫生气时发出的"喵喵"声。这些鸣叫声都是为了标榜存在感，而雌鸟很少发出鸣叫声。一旦正式的展示活动开始，雄鸟的歌声就会变成流畅的吱吱声和咕咕声。

雄鸟几乎所有时间都待在它们的展示区内，日复一日地早上第一个到达，下午 5 点离开。它们在自己领地的枝叶上寻找足够的昆虫和果实充饥，每天大多数时间都在它们的领地内载歌载舞。

雄鸟不但在雌鸟在场的时候展示，而且在一天的不同时刻也会自发地进行展示。当雄鸟从它展示的树枝附近拔下一两片叶子时就表示表演开始了。雄鸟展示分为 6 个阶段，但并不是每次表演都会演完全套。第一幕是翅膀展成杯状，雄鸟高高地站在枝杈上，翅膀半开，并快速摆动。接下来就是舞蹈展示，包括翅膀向右转动一下，靠近头部，高高竖起尾部，以至它的尾羽在头部上方摆动，然后晃动身体。如果雌鸟在观看，雄鸟会背对着雌鸟表演。表演进入摆尾阶段时，雄鸟会有力地摆动尾巴，这样它们的尾羽就可以在头部上方来回摆动。这可能就是表演的最后阶段，但也有可能还会进行水平展开翅膀表演。雄鸟的两只翅膀都会向前展开，飞到树枝上振动翅膀，然后飞到树枝下方重复这个动作（展开双翅表演的反向阶段）。表演结束时，雄鸟会合上翅膀，在树枝上倒挂摇摆（钟摆展示）。

如果雌鸟在场并且对雄鸟的表演印象深刻，那么雌鸟就会和雄鸟一起站在树枝上摇摆。雄鸟来回摆动，用它半张的鸟喙触碰雌鸟。雌鸟将背部对着雄鸟，雄鸟跳上雌鸟身上进行短暂的交配，然后雌鸟飞进森林。

这可能是动物界中一种最夸张的求偶展示了。这揭示了天堂般的热带环境中如何将各种生物从采食的竞争中解放出来，从而可以使雄鸟将精力投入更绚丽的羽毛和舞蹈展示中，也可以使雌鸟能够有时间好好选择雄鸟。

建造师和设计师

不像其他的鸟那样花大力气用华丽的羽毛来吸引异性，雄性褐色园丁鸟把精力花费在建造和修整有着奢华屋顶和花柱的巢穴上，它们的巢穴是鸟类世界中最复杂的建筑。这件装饰华丽的艺术品表明了雄鸟有着健康的体魄和强大的适应能力，同时雄鸟也会用一种超凡脱俗的刺耳的鸣叫声，包括口哨声、嘶嘶声、咯咯声、咳嗽声、吐痰声、齿轮转动声，来宣传自己的建筑。它还会模仿附近的鸟类，包括鹦鹉的鸣叫声。

只有西巴布亚的阿尔法克、滩若、万达门的山脚处和山地森林中的园丁鸟才会建造这些有屋顶的巢穴。花柱就是一节树干四周有一节节的小树枝，园丁鸟把这个编制成大约 1 米高、1.6 米宽，有着拱形入口的圆锥形的小木屋。屋顶一般用兰花茎，有时也用小树枝和蕨类植物。雄鸟用苔藓将木桩底部覆盖住，延伸出去的苔藓形成巨大的绿色地毯。然后雄鸟用很多色彩鲜艳的水果、花、甲虫、蝴蝶翅膀、橡子和鹿粪来装饰它们的巢穴，不同地区的园丁鸟所用的装饰混合物会有所不同。

如此精湛的建筑技艺需要持久不断地用新宝藏来重新排列和装饰，同时还要防御其他雄鸟的入侵。周围大约 1 000 米之内会有六七只其他的园丁鸟在虎视眈眈地准备偷取巢穴的装饰物。漫长的交配季节意味着连续数月的密集辛勤守护，雄鸟至少会有一半时间待在巢穴周围。雌鸟则四处查看和观察雄鸟的每件宝藏，衡量着它们的相对价值。雌鸟到来时，雄鸟会唱着歌快速飞回到巢穴后面躲起来。如果雄鸟成功打动了雌鸟，那么它们就会在雄鸟的这个获得认可的建筑物边缘，有时也会在巢穴里进行交配。一些较小的雄鸟用的装饰物比较少，建造的巢穴也没有那么壮观，所以只有一些经验丰富的雄鸟才能建造出大大的、色彩丰富的巢穴，并获得交配机会。

右图　一只雄性褐色园丁鸟正在展示它的装饰技巧。它偏好橙色和红色，对真菌也情有独钟。它相邻的对手可能更偏好其他颜色。巢穴的入口处覆盖着苔藓，这个耗时耗力的建筑可能会成为雄鸟的圆形剧场，在这里它们会模仿其他雨林鸟类的最响亮的鸣叫声来吸引雌鸟。

第七章

大获全胜的哺乳动物

在过去的 6 500 万年中，动物界中有一类动物生活得很成功，并很好地定义了它们生活的地质时代，即今天谈论的新生代，或者说是"哺乳动物时代"。现在，哺乳动物大概有 5 000 种，虽然只有鸟类种类的一半左右，但它们在地球上占据绝对主导地位。如果你对此怀疑，那么很有必要想想我们人类本身就是哺乳动物，现在地球上有 75 亿[①]人口，还有数十亿属于哺乳动物的家畜、宠物以及有害动物。我们重塑了地球，将其一半的生产力直接为我们所用。那么，哺乳动物是如何超越的呢？我们得以大获全胜有什么秘诀吗？

哺乳动物获得如此成功是出乎意料的。我们耗费了那么长的时间才成为地球上的重要角色。对我们的演化史来说，大部分时间我们都是渺小、神秘、毫不起眼的。大概3.05 亿年前，作为最原始的"似哺乳爬行动物"开启了我们的演化之旅，但我们花了惊人的 1 亿年的时间才演化出现在的哺乳动物的特征。

哺乳动物演化中最早的一个创新就是独特的吃饭器官。和其他脊椎动物不同，我们的下颌只有一块骨头，上面布满许多不同形状的牙齿。这种新型的下颌和专业的全套牙齿（犬齿、门牙、臼齿等）可以使早期哺乳动物更精确、更锐利地咬下和咀嚼食物，并提升了捕捉和处理食物的能力。

---

① 联合国宣布，世界人口在 2022 年 11 月 15 日这一天达到了 80 亿。——编者注

左图　一只雄性小老虎——典型的现代哺乳动物，具备让哺乳动物大获全胜的所有特征：能够处理食物的全套牙齿，能够进行复杂交流的敏锐感官，无论外界天气如何都能够自行调节体温进行活动。

第 158~159 页图　北极熊——世界上最大的陆地食肉动物。

下一个重大的进步就是活动的敏捷性。爬行动物的四肢向两边伸展，十分笨拙，它们必须扭动身体进行奔跑。在爬行动物很小的时候，这种伸展的方法还算敏捷。哺乳动物对这种方法进行了改进，四肢在身体下面贴得很近。这虽然降低了稳定性，但在追赶猎物或逃生时可以迅速改变方向。

大约在 2.05 亿年前，第一批"真正的"哺乳动物才出现。它们在大小和行为上类似鼩鼱，是夜间食虫动物，有着小小的眼睛和敏锐的嗅觉与听觉。数百万年来，在一些白天活动的大型爬行动物的逼迫下，哺乳动物被迫身体变得很矮小，只能夜间活动。但是，正是与恐龙和其他爬行动物的竞争，才成就了今天的哺乳动物。

长时期的夜间活动，使哺乳动物发展出了绝佳的

听觉和嗅觉，也扩展了大脑所对应的这些区域。这些感官的加强能够让它们进行复杂的交流，并进一步扩大它们的大脑和专有的大脑皮质区域。大脑皮质区域主要控制感觉知觉、动作的指挥、空间的推断以及有意识的思维和语言。

在夜间活动，意味着早期的哺乳动物不得不想出办法保持足够高的体温以保持活跃。就像鸟类一样，它们演化出保持身体恒温的化学机制，利用食物产生热量，并用隔热的皮毛或脂肪保持体温。但是要成为温血动物，就不得不面临新陈代谢速度变快到爬行动物的 10 倍的考验，这就意味着它们的食量是爬行

动物的 10 倍。这也是哺乳动物总是处于饥饿状态的原因。

哺乳动物的有氧耐力弥补了寻找食物时需要付出的巨大成本。哺乳动物的这种有氧耐力是爬行动物的 10 倍，这意味着它们可以行走更多的路以寻找食物。保持恒温的身体促进了诸如汗腺等降温机制的演化，进而又可以给后代提供一种便携式的食物供给方法——喂奶。喂奶的器官是由改良的汗腺演化来的。

与爬行动物的竞争迫使哺乳动物演化出很多独特的能力，但是在 6 550 万年前，大多数哺乳动物仍然是不太起眼的夜行性动物。一些事情改变了哺乳动物的命运。一颗巨大的小行星撞击在墨西哥尤卡坦半岛的附近，整个地球陷入一片寒冷和黑暗。在随后的大灾难中，大型日间恐龙灭绝，一直处于劣势地位的、温血的、大脑袋的、夜行性的哺乳动物开始占据上风。

这一重大事件之后，哺乳动物就不再受它们的竞争者恐龙的压迫了，它们演化成我们今天所知道的哺乳动物的各种奇妙形态，从个体很小的大黄蜂蝙蝠到地球上有史以来个体最大的生物——蓝鲸。而鳄鱼、蜥蜴、蛇以及一些鸟类（温血鸟类恐龙）也幸存下来，成为哺乳动物的劲敌。

通过观察今天的哺乳动物，我们可以发现它们在动物界取胜的很多特征。北极熊显示出能够在极端寒冷的条件下茁壮成长的神奇能力，这种生活方式与我们卑微的祖先相差无几。奇特的指猴显示出了夜间活动的感知力在演化中所发挥的作用。小哺乳动物从它们的父辈那里学习如何养成行为的适应力，这种能力是其他动物群体所不知道的，也是哺乳动物能够演化成功的主要原因。

和爬行动物相比，象鼩显示出哺乳动物身体的灵敏性和耐力，因此它们开始在白天活动。黄毛果蝠展

上图　山地大猩猩家族。漫长的亲代养育和社会交际为小猩猩向长辈学习提供了机会。

163

示出飞行上的优点，由此产生了迁徙这一行为壮举，以及最简单的社会协作能力。斑鬣狗让我们见识到复杂族群的演化过程。雄性座头鲸争夺配偶的行为向我们揭示了哺乳动物的生存方式，这种生存方式让它们成为地球有史以来体型最大、最壮观的动物。接下来要讲的故事向我们展示了哺乳动物的美丽、个性以及适应性，它们正是凭借这些能力征服了地球。

北极熊和极地鲸

没有任何动物能够像世界上最大的陆地食肉动物北极熊那样，能让我们更生动地了解哺乳动物的特点了。它既展示了哺乳动物的优点，又暴露了哺乳动物的弱点。但要了解今天的北极熊的行为，我们需要追溯一下它们的过去。

大约在 20 万年前，在阿拉斯加东南部的阿德默勒尔蒂群岛上，一小部分棕熊被移动的冰川隔离开来，与外界切断了联系。我们认为这就是今天的北极熊与这个岛上的棕熊的亲缘关系如此密切，甚至比其他棕熊的亲缘关系更近的原因。事实上，我们可以说北极熊就是一种白色的"棕熊"。这些被隔离的棕熊发现它们四周被越来越多的冰雪包围了，于是不得不适应这种严寒的海洋环境。北极熊依靠皮毛和脂肪保存它们的身体产生的热量，还会产奶和捕获食物给它们的孩子吃。这些生存能力能够使很多哺乳动物在爬行动物不能生存的极端的极地地区生存繁衍。

随着这些早期在冰上生存的"棕熊"捕捉冰上的海豹，它们的身体和很多其他的行为也开始发生变化。

它们的牙齿与其他植食性大型棕熊相比更锋利，更适合撕咬肉。白色的皮毛可以在它们进行冰上捕猎的时候起到更好的掩护作用，较长的脖子更适合接近海豹，并适合长距离游泳。为了抓住冰块，它们的爪子变得更短、更有力，脚上也长出有节的牵引垫。重要的是，它们抛弃了熊类传统意义上的冬眠，因为现在它们要在整个冬季捕猎。北极熊——最新演化的一种熊，能够很好地适应极地的气候，并迅速从阿德默勒尔蒂群岛横穿到北极。但是在这个过程中，它们变得越来越依赖海上冰川，因为这里能提供给它们主要的食物，它们在这里可以捕捉环斑海豹和髯海豹。

今天，阿拉斯加东北部波弗特海上的巴特岛成为观察北极熊的一个最佳地点。这座鲜为人知的小岛就像在美国偶然遇到的那些小岛一样遥远、荒凉。这个

新世界的西部山脉成为与严酷的波弗特海接壤的平坦的海岸平原。每年1月，北极熊妈妈都会在冰雪覆盖的洞穴中产下小宝宝。在3月或4月的时候，它们通常会和两只小北极熊待在海豹生活的浅的大陆架地区的海冰上。

随着夏天的到来，海冰开始从海岸地区消退融化，北极熊妈妈必须做出一个重大的决定：是把小北极熊留在远离陆地的逐渐融化的冰面上，还是和孩子们游回没有食物的岸上。

科学家已经在波弗特海地区研究北极熊的行为数

下图　北极熊正在享用弓头鲸的残骸。搁浅的鲸和因纽特人捕杀的鲸是阿拉斯加北海岸地区饥饿的北极熊秋季重要的食物来源。

十年了，也记录了北极熊做出的这些惊人复杂的决定和它们最新遇到的挑战。过去几十年，北极熊妈妈可以依靠海冰在大陆架靠岸地区捕捉海豹。但是近年来，随着全球变暖，海冰在秋季就已经在离岸150多千米的地方退缩了。这就意味着北极熊家族要选择冒更多的风险、游很远的距离到陆地上，在陆地上它们可以节省能量，而不是跟着遥远的浮冰块漂流在荒凉的大海上。

2004年的一次航空监测发现，4只成年北极熊在试图横穿海峡的过程中因暴风雪而溺亡。小北极熊不擅长游泳，所以它们格外脆弱。在最近的几十年中，北极熊幼崽的存活率下降了50%。这是很严重的情况，因为北极熊是所有哺乳动物中繁殖最慢的一种动物，每只北极熊妈妈在一生中只有5次生育机会。

一旦被困在陆地上，北极熊通常会靠休息来储存

能量，靠体内厚厚的脂肪储量生存。阿拉斯加北部的北极熊是幸运的，因为波弗特海岸是弓头鲸迁徙途中的必经地，弓头鲸经常会搁浅或者沦为原住民的猎物。在等待海水再次冻结时，弓头鲸成为饥饿的北极熊家族维持生命的主要食物来源。

在动物王国中，北极熊有着最灵敏的嗅觉，有经验的熊妈妈知道哪片海岸能够给它及其孩子提供食物。巴特岛可能是唯一可以见到这种独居动物罕见的社交行为的地方，这里也是世界上最大的北极熊聚集

地，这里曾出现过多达 65 只北极熊在一起食用鲸的残骸的画面。如果刮北风，这也是世界上唯一一个可以看到棕熊和北极熊聚到一起的地方。这种北极熊聚在一起的盛会，有力地证明了哺乳动物极好的适应力，也让人想起了它们的脆弱性。

为了生存要学会敲打

马达加斯加的指猴是现存哺乳动物中最神奇的一类。它们在 1780 年首次被发现，科学家一开始认为这是一种新出现的松鼠，因为它们有着毛茸茸的大尾巴，以及一直不断生长的类似啮齿动物一样的牙齿。但到后来，它们类似猴子的骨骼说明，它们是世界上最大的夜间活动的灵长类动物，是狐猴的近亲——狐猴也在马达加斯加岛上生长演化。指猴有着蓬松的皮毛，大而有皮质感的耳朵，明亮的眼睛，细长的手指，它们也是世界上最奇怪的一种动物。

指猴的大小和家猫差不多，会在夜间爬上热带雨林的树冠寻找食物。马达加斯加没有啄木鸟，所以这里将昆虫从树木中取出来的动物就是指猴。它们用细

长的手指在树枝和树干上敲打，频率可以达到每分钟 40 次，同时用极为灵敏的耳朵倾听着。它们可以辨别出实心木头和受昆虫幼虫侵害的木头之间的细微差别。指猴的听力很好，甚至可以发现正在爬行的蛴螬。

一旦指猴发现了小洞或者昆虫，它们就会用锋利的前齿在树上远离虫子的地方咬一个洞，这个虫子被困在里面后就只有死路一条了。然后，指猴用细长的中指将蛴螬拉出来。它的这根手指有一些特点：弯弯的，比其他手指长 3 倍，极其灵活，能够从关节处向两边 30 度的方向移动。

"敲打觅食法"是一项复杂的技巧，每个小指猴要耗费数年的时间才能学会。刚出生时，小指猴的耳朵柔软无力，在大约 6 周时才可能加以控制。小指猴在窝中会待一两个月，很快就学会了爬树、倒挂。渐渐地，它们在树林中可以像它们的父母一样灵活。但是在未出窝之前，它们就开始模仿妈妈的样子学习敲打。它们观察着妈妈，试图模仿妈妈敲打时手指微妙的动作，这项练习会花费它们 1/4 的活动时间。

如果指猴妈妈发现了食物的位置，小指猴会挤过来，将妈妈推开，争相夺取食物。小指猴吃一个大蛴螬的样子，很像人类的小孩吃冰激凌甜筒。一开始，它们会将蛴螬的头部咬下来，将很难消化的口器吐出来。昆虫的内脏会顺着指猴的手指往下滴，所以它们的舌头就会顺着手指舔一圈，吸食这些美味多汁的部分。但是小指猴也是很挑剔的，对任何新食物它们都会等着妈妈批准后才吃。

小指猴直到 15~17 个月大的时候才能学会"敲打觅食法"，而且大概要花两年的时间学习整个的捕食技巧。大约到 4 岁的时候，小指猴才能够独立生存，这时通过"敲打觅食法"所找到的食物占到它们整个食物量的 10%~50%。有趣的是，如果小指猴被

上图 成年指猴正在展示它如何用细长灵活的中指将蛴螬钩出洞外。

左页图 耳朵还耷拉着的小指猴正在练习敲打和用手指刺戳的技巧。它们应该已经观察妈妈的技巧好几年了。

圈养养大，没有成年指猴的教导，它们是不会这种"敲打觅食法"的，这也说明这是一种后天习得的技能。

与它们的狐猴亲戚相比，夜间活动的指猴有着和身体大小不符的巨大大脑，这可能是因为"敲打觅食法"的复杂机制需要强大的听觉和嗅觉感官。

在夜间活动，有着令人无法否认的奇特长相，指猴因此被当地的马达加斯加人视为魔鬼的先驱。一些人认为如果指猴用它们长长的中指指向你时，那么就表明你肯定会受诅咒而死亡；如果指猴在村庄出现，那么表明肯定会有村民死去，只有杀死指猴这种动物才能阻止事情的发生。这种迷信使得指猴的处境非常危险，它们曾经一度被宣告灭亡，后来才又被发现还有指猴存在。今天，指猴面临着更大威胁，它们依赖的森林家园正在逐步消失。

快线生活

有一种哺乳动物比大多数哺乳动物都更让科学家感到困惑，它就是象鼩。首次提到象鼩是在 19 世纪中叶，动物学家认为这种动作敏捷、长相奇怪的生物和鼩鼱有亲缘关系。它们有着长长的、灵活的、类似大象的鼻子，格外喜欢吃昆虫，被发现后，它们就被称为"象鼩"。接下来，几代科学家试图找到它们的真正祖先，并认为它们一定是羚羊、灵长类动物甚至兔子的远亲。然而最近的分子证据显示，它们是非洲哺乳动物非洲兽总目的一种，这些哺乳动物有着共同的祖先，包括蹄兔、土豚、海牛、马岛猬，当然还有大象。有意思的是，"象鼩"这个名字早就透露出了它的种属关系。

大家早已知道，哺乳动物的生命节奏与体型大小有关。大象是现存最大的陆地哺乳动物，行动迟缓，当然寿命也最长。但是相对较小的 15 种象鼩却被迫过着马不停蹄的日子，生活的每一步犹如在刀尖上行走般艰难。成年的红褐象鼩体重仅有 50 克，生活在东非干旱的灌木丛中。它们长着能让目光快速移动的眼带，很像是羚羊和食蚁兽的奇特结合。象鼩的食物很多都是低食用价值的，比如白蚁和蚂蚁。象鼩体型很小，但是新陈代谢速度很快，因此象鼩面临的主要问题就是如何消除饥饿感。它们的解决之道就是妥协

下图 红褐象鼩以闪电般的速度奔跑在小径上。它们面临的主要挑战就是如何找到足够的食物来支撑它们的活动。

和一些巧妙的工程设计。

由于一直处于饥饿状态，象鼩不得不一整天都很活跃，但白天又充满了危险，因为它们的活动很容易引起猫鼬、猛禽和爬行动物等捕食者的注意。为了战胜这些敌人，红褐象鼩开发出一系列简洁明了的路径，它们会用脚和尾巴留下的气味标记，记住小路上的一些细节。它们以闪电般的速度沿着这条路径狂奔，遇到障碍物时会停下，然后用它们灵敏的前足将障碍物扫向两侧。跑道上一根小小的树枝都有可能引发灾难性的后果，所以象鼩一天会花费它们活动时间的 20%~40% 在路径上奔跑和移除障碍物。这种像鼹鼠洞一样的路径系统，还有一个额外的好处，就是更容易定位昆虫的位置。

红褐象鼩不筑巢也不挖沟，它们就像羚羊一样，在地面的灌木丛中藏身。如果它们知道自己的藏身处被捕食者给瞄上了，在快速跑到安全的地方之前，它们会用后腿敲打地面，这可能是为了警告它们的配偶和孩子们危险来了。

从象鼩身上可以看到很多哺乳动物胜过爬行动物的优点。每条长长的腿都在身体下面而不是侧面，与同样大小的爬行动物相比，象鼩和大多数其他的哺乳动物一样，在奔跑方面更灵活。温血动物的特征使得哺乳动物在耐力方面是爬行动物的 10 倍，也使它们更擅长奔跑。但是爬行动物也有它们的优点，一些小个的象鼩也会采用爬行动物的生存技巧，在夜晚将体温降到只有 5℃，进入一种蛰伏状态，这样就可以节省它们平时保持较高体温时所需消耗的 98% 的体能，然后在破晓后阳光的照射下使体温回升。

象鼩实行一夫一妻制，它们拥有的领地范围也很广阔，有 1 600~4 500 平方米，在这么广阔的土地上，

上图 红褐象鼩以白蚁和蚂蚁为食。它们对跑道有着充分的了解，这样就可以快速逃生。象鼩要让它们的跑道保持清洁，没有障碍物，这样既可以快速跑动，又可以准确地定位昆虫的位置。

它们需要防范其他同性象鼩的侵扰。这种保卫行为也是一种实力的展示。

竞争对手会在领地的边缘碰面，慢慢绕着对方走，它们会抬起长长的前腿，摆出一副趾高气扬的姿态，尽量使自己看起来更强壮威猛一些。但这场仪式可能会突然变成一团模糊不清的皮毛——象鼩的战斗在几秒钟内就会结束。一对象鼩会产下一只或两只早熟的小宝宝，它们完全是大象鼩的缩小版，全身披毛，有着很好的视力和协调动作，随时准备着出发。新生的小象鼩藏匿在小路两边的掩体中，它们的父亲不履行任何照料义务，但帮助它们维修跑道，保护着它们的领地，并警告捕食者。

作为夜间捕食的小型夜行性食虫动物，象鼩在夜间捕食昆虫，但是它们在白天也很活跃，这些行动如闪电般的动物为我们了解早期的哺乳动物如何适应白天生活提供了些许提示。

大社群的群居生活

1986 年，一个富有传奇色彩的英国侨民戴维·劳埃德出发到赞比亚北部寻找一片偏僻的沼泽，这里距离充满危险的刚果边界仅有几千米远。从当地人那里听说，这里有一个巨大的蝙蝠种群生活在沼泽深处，所以他来到这里寻找这个地方。穿过一片有着弯曲树

171

上图 一只黄毛果蝠离开聚集地，准备在夜间寻找食物。大约 10 周的时间里，果蝠每晚消耗的水果量是它们体重的两倍多。这些果蝠究竟从哪里来，回到哪里去，至今仍是一个谜。

左页图 非洲最大的哺乳动物聚集区，这简直是个奇迹。这些巨大的果蝠到几千米外的森林中寻找成熟的果实，破晓时分又会回到这个大型的栖息地。

干和藤蔓的茂密丛林，他听到远处有一阵喧嚣声。原来是数百万只黄毛果蝠发出的巨大的共鸣尖叫声。劳埃德为科学界发现了地球上动物界最壮观的景象。

卡桑卡是一片平坦湿润、覆盖着无法穿越的罕见常绿沼泽的森林，所以最开始劳埃德不清楚果蝠栖息地的大小。事实上，科学家也是几年后才意识到劳埃德发现了世界上最大的果蝠种群栖息地。每天傍晚 6 点多一点儿，800 万 ~1 100 万只巨型果蝠离开这个比纽约中央公园（约 3.4 平方千米）稍小的地方。

蝙蝠是一种不算古老的哺乳动物，最开始出现在大约 5 000 万年前，它们的祖先生活在树上并在夜间活动。它们的翅膀从细长的指骨演化而来，由一层精致但生长快速的皮肤包裹着，指上都有独立于翅膀的

爪，能够帮助它们攀住树木。但是它们在飞行中仍然有很多限制。如果在太阳下飞行，它们的体温会过高，因此它们倾向于在夜间活动，这样也避免了和鸟类之间的竞争。果蝠的膝盖和人类相比，可以向相反的方向弯曲，这使得它们在空中可以控制尾部的薄膜，就像方向舵一样。然而它们能够向后弯曲的膝盖不允许它们像鸟类一样栖息在树枝上，所以它们休息的时候不得不倒挂在树上，在睡觉的时候用特殊的肌腱将腿固定在合适的位置上。

有两类蝙蝠：一类是我们熟悉的比较小的，主要以昆虫为食的小蝙蝠亚目，它们有着小小的眼睛，用回声定位来飞行；另一类就是体型较大的生活在热带地区的狐蝠或者果蝠，属于大蝙蝠亚目，这类蝙蝠主要吃水果和花蜜，它们在黑暗中飞行主要依靠大大的聚光眼。这两类蝙蝠占据了所有哺乳动物种类的 20% 还要多，它们的生存在哺乳动物中也堪称佳话。蝙蝠和鸟类一样可以飞到空中，以快速、高效的方式寻找季节性的食物，这使得它们成为哺乳动物中数量最多的一种。

黄毛果蝠是非洲分布最广泛的一种哺乳动物，它们遍布在北至毛里塔尼亚，南至开普的大片地区。每年 10 月份，数百万只巨大的果蝠从非洲中部地区飞至赞比亚北部的卡桑卡地区，使这里成为世界上最大的果蝠栖息地。但是它们飞行的细节以及它们为什么飞到这片森林，仍然未知。雌性果蝠来到卡桑卡时，通常都处于孕期的不同阶段，尽管它们很少在那里生产。这是一个很重要的线索——卡桑卡并不是果蝠繁衍的地方。其他栖息地的果蝠则会同时生产，这就表明了卡桑卡的果蝠来自很多地方，有的甚至还是很远的地方。

对赞比亚当地人来说，卡桑卡意为"丰收的地

上图 在这个巨大的日间栖息地中，这只是成千上万只巨型果蝠覆盖的树枝中的一枝。它们是已发现的最大果蝠群。果蝠群的自身重量经常会导致树枝断裂。

方"，这也是果蝠在雨季开始时到达这个地方的原因。从 10 月到 12 月末的整个季节里，卡桑卡有着让人叹为观止的水果种类和产量：水浆果、木斑豆、枇杷、无花果、杧果，还有这些水果的叶子、花粉和花蜜。

每天傍晚，每分钟都会有 15 万只果蝠离开这里，它们长长的翅膀有着很强的耐力，可以飞到 59 千米远的林地周围寻找食物。它们吃东西的时候非常吵闹，庞大的体型阻碍了它们在树冠上层寻找食物，这也避免了它们和农民发生冲突。它们觅食的时候，会对花朵进行授粉，同时帮助成百上千万株具有重要生态和经济效益的树种传播种子。

在破晓时分，果蝠就会回到栖息地，在冉冉升起的太阳照射下，它们就像数百万只橙色的蝴蝶在空中盘旋。每平方千米的果蝠数量是非洲所有角马总数的 5 倍，这块栖息地是生命中最壮观的景象之一。这些果蝠体型庞大，数目众多，以至无法生活在树洞或洞穴中，它们只能挤在空旷的树枝上。树叶和树枝被果蝠无数只爪子加上它们的自身重量而剥光，更多的果蝠来到这里，使得这里快要被挤爆了。11 月份，果蝠的数量达到最高峰时，果蝠群的规模相当明显。地球上只有一个地方的果蝠栖息地比这里更大一些，那就是著名的得克萨斯州的布拉肯洞穴，那里聚集着 2 000 万只体型相对较小的墨西哥无尾蝙蝠。然而那些蝙蝠的体型在卡桑卡的巨型果蝠面前就相形见绌了。

它们的翼展大约有 1 米，庞大的数量使这里成为世界上哺乳动物最密集的地方。大约有 2 500 吨果蝠聚集在这块小小的森林中，它们的重量相当于 500 只大象的体重，但是几乎没有人见过这一盛况。

这个拥挤的聚集区永远处于动态变化中。这些果蝠梳理着毛发，筑巢，睡觉，拍打翅膀，有时还会争吵，总的来说，给人一种非凡的、和谐生活的印象。黄毛果蝠一直在不停地"交谈"，这是它们身上众多谜团中的一个。我们不明白为什么它们交流得那么频繁，也不知道它们到底在说什么。有时候，整个树枝和树上布满了果蝠，以至树枝无法负荷巨大的重量而被压断，撞到地上、已经死去或垂死的果蝠遍布森林。受伤的果蝠会爬到附近的树上，然后变成木乃伊。附近的鳄鱼听到树枝断裂的声音后，会离开水面伺机捕食那些不走运的果蝠。

猛禽是果蝠最久远、最致命的死敌。猛雕、冠鹰雕、非洲鱼鹰在沼泽森林的高处、突兀的树上俯瞰着这个景象，就像很多其他猎鹰、小鹰和秃鹫一样。但是要抓到一只大型蝙蝠并不像看上去那么简单，这些猛禽会被果蝠巨大的阵仗迷惑住，从而变得无从下手。有时候它们试图从树上猛拉果蝠，但会扬起一大团果蝠，有时候它们会在果蝠飞行的途中攻击它们，但是这些果蝠会迅速地从空中落下以躲避追捕。一些果蝠会被捉住，但它们只是庞大数量中的九牛一毛。所以大多数的果蝠都会平安地生存着。在果蝠栖息地中，猛禽对它们的影响相对较小，这说明群居生活的另一个优点——捕食者不便行动。

大约 10 周的时间里，每天晚上果蝠吃掉的水果重量都是它们体重的两倍多，这个数字意味着聚集在这里的果蝠在这段时间内消耗掉了 5 亿千克左右的水果，相当于几十亿根香蕉。在圣诞前后的几个夜晚，整个果蝠群会离开卡桑卡。就绝对数量来说，这是地球上最大的哺乳动物迁徙盛况。这场盛况一直不为人所知，直到最近才被科学界发现，这似乎很神奇。但是一个更大的秘密仍未揭晓：这群果蝠究竟从何处来，又要到何处去？

最近，海蒂·里克特和他的同事将卫星传送器安装在卡桑卡的 4 只果蝠身上。研究结果是十分惊人的。每只果蝠离开卡桑卡会向北沿着不同的路线飞行。一只果蝠在一晚上飞行了 370 千米，另一只果蝠被追踪了数周，飞行了 1 900 千米，后来消失在刚果热带雨林深处。这表明它往返卡桑卡的总路程至少有 3 800 千米，这成为世界上陆地哺乳动物最长的迁徙路程。在这些果蝠来到卡桑卡地区之前它们来自哪里仍然是未知的。卡桑卡这个巨大的栖息地可能还有很多重要的秘密需要探索。在非洲，人类吃到的水果、坚果和用到的木材的 70% 是由果蝠授粉和传播的。中非人民和雨林的生存很大程度上依赖着这块巨大的果蝠栖息地，这是真的吗？

在赞比亚只有一个已知的黄毛果蝠栖息地，但是它们栖息的这片常绿沼泽丛林正在快速消失，现在已濒临灭绝。私营的卡桑卡信托基金正致力于保护这个果蝠栖息地，这样可以让更多的人见到这种神奇的景象，也可以更多地了解蝙蝠。令人振奋的是，人类在已经探索开发过的世界中，仍然可以看到哺乳动物聚集的盛况。

重量级的较量

哺乳动物中最引人注目的奇观之一就是雄性座头鲸之间的拍打鳍部、猛击下巴、跃出水面、吐泡泡、比武竞赛等。这种景象被生物学家描述为"大追赶"，这场盛事有多达 40 头雄鲸参与其中，它们的打斗通常都很激烈，目的是获得雌鲸的青睐。

座头鲸大概是世界上为了争夺雌鲸而决斗的最大的哺乳动物。当完全成年时，一头雄性座头鲸平均有 15.5 米长，重达 40 吨（雌性座头鲸甚至更大，重达

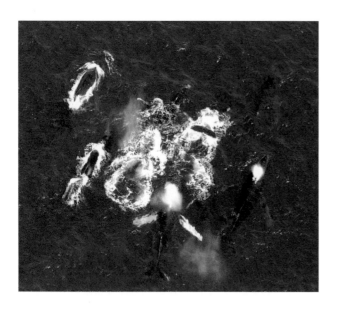

上图　水下多达40头雄性座头鲸为争夺雌鲸而进行比赛。这是它们在水下比赛时，水面上拍摄到的情景。

下图　一场升级的战斗。相互竞争中的雄鲸可能会持续战斗数小时，通常会互相攻击，很有可能导致受伤甚至死亡。

44吨甚至更重）。交配竞赛发生在热带水域地区，每年冬天，座头鲸会从它们的极地索饵场游长达4 000千米的距离来到这里。然而在热带地区，几乎没有它们的适口食物，来到这里，它们不得不依靠自身厚厚的脂肪储存生存。它们为什么不干脆在原来的索饵场繁衍呢？受孕的雌鲸不远千里来到这里，可能是因为这里较高的温度可以让小宝宝度过最初的几周，也有可能是因为它们的繁殖场就决定了与追随它们的雄鲸的交配地点。

对雄性座头鲸来说，一个主要的挑战就是在浩瀚又贫瘠的热带海域中找到自己的配偶。它们所采取的一个办法就是鸣叫，这是一种复杂的发声方式，似乎与鸟鸣有很多相似的地方，叫声中包含着有力而低频的元素，这样叫声就可以在水下很好地传播到几千米远的地方。通常在夜晚，雄鲸会在深海中徘徊，重复

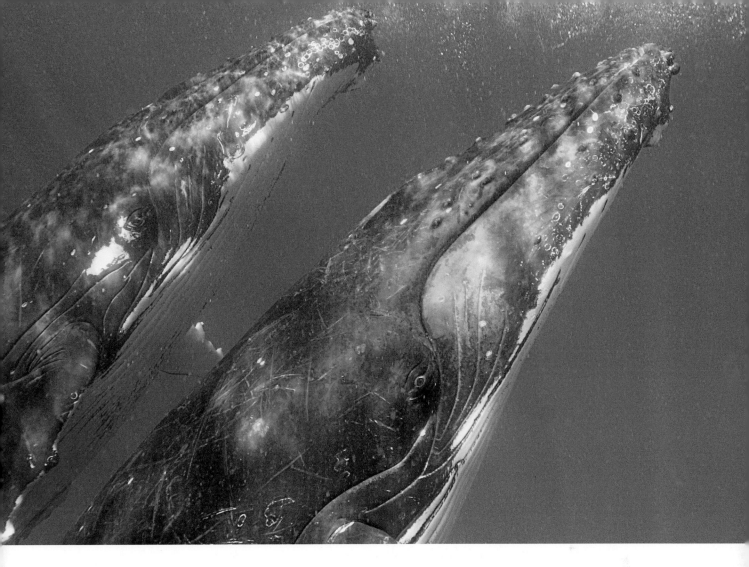

着它们 10~20 分钟的一首"歌曲"的一部分，而且一唱就是几个小时，繁殖场一直都回荡着它们刺耳的歌声。这些歌曲是唱给雌鲸听的，还是给它们的竞争对手听的，抑或两者都有，都没有准确答案。但是它们的歌曲是变化的，每年鲸的歌曲"流行榜"都会有所不同。

雌鲸进入发情期只有一天或两天的时间，那么对雄鲸来说第二个挑战就是如何找到一头两情相悦的雌鲸。好像如果雌鲸有同样的想法，那么它们会向水中散发一种化学气味表示同意雄鲸的示好。有趣的是，人们发现雄鲸会在水面上张开嘴巴，显然它们在感受这种气味。

当雄鲸开始聚集在雌鲸周围时，雌鲸就会游走，然后雄鲸快速地跟在雌鲸后面。雄鲸中个头比较大的

上图　雄鲸尾随着可能会成为它配偶的雌鲸。雌鲸在很短的时间内就会回应雄鲸是否接受交配，所以雄鲸要尽其所能地维持住它"头号护卫"的地位。

一头是"头号护卫"，会紧跟在雌鲸身后，其他的小鲸或还未成年的雄鲸则在外围徘徊着，可能是在学习竞争的技巧。如果有一头同样体型的雄鲸试图做"头号护卫"时，那么争夺"头号护卫"位置的比赛也就拉开了序幕。它们拍打着鳍部，露出水面，吐出泡泡以发出警告。泡泡流可以作为一种视觉障碍，将雌鲸隔开或是警告自己的竞争对手。如果战事升级，就会出现互撞下颌的场景，雄鲸之间互相追逐着，不断地跃出水面，将它们的下颌重重地猛击在水面上。如果比赛继续加剧，雄鲸就会互相冲撞，试图将对方赶到

水下。竞争中的雄鲸可能会向对方撞去，或者试图比对方更高地跃出水面，这样的动作通常都很猛烈，有时会受伤。雄鲸很有可能在激烈的战斗中战死。

　　人类潜水员试图将卡车般大小的鲸组成的鲸群拍摄下来，以研究它们为了追求雌鲸而进行的快速激烈的追赶，很明显这就像一场在没有设定方向的跑道上追逐。只有从空中才可能看到整个场面，也才可以观察到这场激烈追逐赛的力度。这种比赛很可能会在水上或水下持续数小时。当"头号护卫"或是挑战者被驱逐出去后，获胜者最终会和雌鲸齐头并进。但是接下来的故事如何发展却是个谜。虽然科学家耗费了数千个小时的时间来观察它们，虽然鲸很有可能会在深海中进行交配，但是没有人知道具体的地点。

　　为什么这些体型庞大的鲸会进行如此耗费体力，

到了最后有可能是非常危险的比赛呢？很有可能这些考验耐力的比赛是雌鲸快速评估雄鲸健康状况的一个很好的方式，通过这种方式，雌鲸在浩瀚的海洋中能找到最好的伴侣。

雌性保卫家园

　　几千年来，斑鬣狗或"笑鬣狗"使人们对它们离奇的、有着恶魔般的行为产生了令人不安的猜想。人类和斑鬣狗的接触由来已久，首先出现在非洲，后来出现在冰期的英国和欧洲，现在这里的斑鬣狗早已灭绝了。但是近来科学家开始意识到它们身上所体现的生物学特征，揭示了一些比那些令人不安的传说更为离奇的事实。

鬣狗的外表看起来很像狗，但它们和猫、猫鼬和麝猫的关系要更亲密一些。在现存的 4 种鬣狗中，斑鬣狗的体型最大，也最不常见。雌性鬣狗从外表和动作看起来都很像雄性鬣狗，甚至生殖器都很相似。它们的生殖系统在哺乳动物中是很独特的——有一个长长的管状的假阴茎，大小、形状和雄性鬣狗的很相似，是由阴蒂和假阴囊辅助形成的。有了这个仿雄性鬣狗

的阴茎，雌性鬣狗的排尿、交配甚至分娩都要通过这个假阴茎来完成。这个奇怪的身体组织，使得鬣狗分娩成为一件极其危险的事情，因为第一个出生的小鬣狗要弄破雌性鬣狗的假阴茎。第一个出生的小鬣狗有 3/4 的概率会在出生时死亡，第一次分娩的鬣狗妈妈也会有 1/10 的概率在分娩时死去。哺乳动物家族中有 1/4 的雌性比雄性体型大，还有一些雌性有着仿雄性的生殖器（包括蜘蛛猿、狐猴、欧洲鼹鼠），但这些动物都没有斑鬣狗演化得成功。

那么雌性假扮成雄性到底有什么好处呢？其中一个理论认为，这是该物种竞争激烈的集体捕食的结果。雌性比雄性更男性化——体型更庞大，更具攻击性，比雄性更占主导地位。最令人生畏的雌性鬣狗和它们的孩子会优先进食，可以使它们更具侵略性，提高雄

上图　落单的斑鬣狗和它的死敌——狮子之间的一场战斗。对鬣狗来说，只有在数量很多的时候才能保证自己的安全。

性激素水平。但对食物的争夺并不是雌性斑鬣狗有着雄性特征的唯一原因，因为很多其他的雌性食肉动物都会争夺食物。

　　鬣狗从它们一出生，就开始学习如何具有进攻性和进行社群合作。虽然雌性鬣狗都会生双胞胎，但是几周后，有一半的幼崽就只剩下了自己。在哺乳动物中，斑鬣狗幼崽一出生就有功能齐全的尖牙，这是很独特的。但在它们出生后不久，这些小幼崽就开始激烈地打斗，通常一只会将另一只杀死。同性双胞胎鬣狗之间的打斗尤为致命。它们的出生地是土豚洞穴，这里能够保护幼崽不受狮子的攻击，但却阻挡不了它们彼此的打斗，而这些洞穴对鬣狗妈妈来说又太小，它们无法进入并阻止这种打斗。

　　鬣狗妈妈是非常优秀的母亲，但它们却面临着很多的挑战。它们通常需要到很远的地方寻找食物，幼崽会被单独留在洞穴中长达一周，比其他哺乳动物的幼崽单独待的时间都长。一只鬣狗妈妈可能会外出寻找食物多达 50 次，一年的里程数可能达到 3 600 千米，返回时会给它们的孩子带来充沛的乳汁。鬣狗妈妈会很快教会宝宝很多社交技能，使它们能够融入有 3~80 只鬣狗组成的复杂的社群中。人们认为斑鬣狗相当聪明，是一种有着极其复杂社群系统的动物。

　　对雌性幼崽来说，社会地位是从它们的母亲那里继承来的，而且雌性领袖的后代在族群中享受优先进食权。这种复杂的社群有一个明显的优点，就是合作捕食。斑鬣狗是动物界中的"清道夫"，这是一个谜：它们在非洲动物中属于最有技巧的捕食者，它们 70% 的食物都是自己捕食的。整个社群分成小的捕食队，捕食的目标是和斑马、羚羊一般大小的动物，甚至还有非洲水牛、长颈鹿和小象。它们是很有耐力的选手，有着很大的心脏，这可以让它们以每小时 10 千米的速度长距离慢跑而不感到疲倦，也能够以每小时 50 千米的速度追赶猎物持续 3 000 米的距离，有时候追赶猎物会长达 24 千米。

鬣狗社群的结构不仅在与其他鬣狗社群相抗衡时有用，而且在抵抗它们的死敌——狮子时，也是很有用的。不同的社群通常会忽视彼此之间的领地界限，但是鬣狗和狮子在保卫它们的领地不受对方侵犯时，就像防止同类进入自己的领地一样睚眦必报。在任何有可能的情况下，狮子都会杀死鬣狗。相反，鬣狗是幼狮的主要捕食者，如果鬣狗的数量足够多，它们甚至会杀死成年的狮子。

鬣狗社群能够成功抵抗狮子的侵袭或适当控制自己的伤亡，是由雄狮的行为和这个鬣狗社群能否招募到足够多的成员加入其中决定的。它们的狭路相逢通常都是你死我活。在埃塞俄比亚戈贝勒沙漠中，狮子和鬣狗之间的一场战斗会升级为持续两周的"战争"。在杀死 35 只鬣狗、损失 6 头狮子后，狮子最终赢得了战争的胜利，将鬣狗赶出了领地。虽然如此，斑鬣狗仍然是非洲最常见也是最成功的大型捕食者。它们复杂的社群行为为我们了解适应力强的哺乳动物如何演化并取得成功提供了线索，而且可以帮助我们理解社会甚至战争的来源。

下图 鬣狗族群联合起来将狮子赶出它们的领地。数量上的优势和密切的合作，在鬣狗和狮子族群中都是至关重要的。

第八章

热血的狩猎者

哺乳动物能取得今天的成就，一个主要的原因就是哺乳动物的学习能力。如果你能从曾经的成功和失败中吸取经验教训，那么就能很快适应特定栖息地或者环境变化带来的各种问题。大多数哺乳动物，尤其是寿命比较长的哺乳动物，都会在抚养后代上花费很多时间。父母将积累了一生的宝贵经验传授给年青一代，使它们从中受益，所以，相对于其他竞争对手来说，它们有很大的优势。较强的学习能力带来的快速适应能力使哺乳动物能够在一些最恶劣的环境下生存。

本章着重讲解哺乳动物在捕食猎物和躲避天敌时个体或群体表现出的适应性行为。有时候，会出现一些针对某些特定情况和场合制定的策略。比如，莱瓦山丘的猎豹兄弟，它们很有可能是世界上唯一定期捕食鸵鸟的猎豹。它们并不是非要这样做，而是它们已经学会了怎么去做。通力合作捕捉如此具有潜在危险的动物，使猎豹兄弟比这个地区的其他猎豹更有优势，这使它们能够牢牢守住自己的领地长达十年之久。

但是对所有的捕食者来说，无论它们的策略多么高超，要想捕猎成功，必须处于最佳条件才行。这可能意味着需要最适宜的天气。一场雨可能都会毁掉蝙蝠的捕食机会，在伯利兹，猛犬蝠捕鱼时，由风引起的水上涟漪可能会毁掉这次捕鱼计划，所以猎手必须准备好抓住每一次机会。在一些情况下，还需要对领地有详细的了解。一头在福克兰群岛（即马尔维纳斯群岛，简称马岛）周围捕猎的雌性虎鲸已经学会了如何找到一年中可能只有几天的食物资源。因为它的幼崽跟着它进入了捕猎区，如何完成具有危险性动作的知识正在代代相传。

左图　一头雌性狮子正穿越奥卡万戈的一条河流。它正追逐着狮群，狮群在开始追赶水牛群时召唤了这头雌性狮子。狮群捕猎成功的关键在于每个成员都能够通力合作。

第 182~183 页图　虎鲸将一头灰鲸幼崽猛推到远离加利福尼亚海岸的地方。虎鲸是一种在海上短暂出现的鲸，专门捕捉海洋哺乳动物。它们知道何时何地可以碰到迁徙回海岸的灰鲸及其幼鲸。虽然灰鲸妈妈会尽力保护自己的小宝宝，但它无法抵挡虎鲸团队合作捕猎的猛烈攻势。

当然，并不只有捕食者适应环境，猎物也有很多摆脱被追捕的策略。就像捕食者的动作集中在发起进攻的那一刻一样，猎物也必须时刻保持警惕，一刻也不能放松，因为它们放松的时刻就是捕食者等待已久的时机。所以捕食者和猎物的生命是息息相关的。如果一个捕食者特别擅长捕捉某种猎物，这就意味着两者本身的数量是相互关联的。很明显，本能在个体的生存中扮演着重要的角色，但是经验可以通过遗传传给它们的后代，就像白靴兔一样，它们的激素在平衡捕食者和猎物数量上起着令人惊奇的作用。

自然界中充满着各种戏剧性和奇观。但是当适应环境的捕食者将它们的捕食技巧用到同样策略高超的猎物身上时，这浓缩着它们一生经验的斗争时刻是很让人着迷的。

速度最快的猫科动物对比最大的鸟类

很多哺乳动物捕食者都过着群居生活，比如狼群、狮群、虎鲸群。这样的生活方式在保卫领地、哺育后代、捕食猎物方面是很有优势的。通常情况下，群居都是雌性和雄性动物混居在一起，但对猎豹属的猎豹来说，它们的群居却是雄性之间的联合，一般是幼崽兄弟。

七八年前，三只成年雄性猎豹出现在肯尼亚北部的莱瓦山丘。其中两只体型相似，第三只体型稍微瘦一些，但是它们长相相似，所以可能是兄弟。三只猎豹从北部的非保护区来到这里，最开始出现的时候，它们很紧张，也很难被观察到，随着时间的推移，它们对人越来越熟悉，这样就可以观察它们了，它们迷人的捕食策略也被公之于众。

这个地区非常干旱。这里的地貌是由多岩石山丘

和广阔的平原组成的，平原绵延起伏一直延伸到北部山脉地区。这里生存着各种各样的物种，很多物种已经适应了这里变幻莫测的降雨环境。

猎豹不像豹属的狮子或豹子那样一大群一起生活，通常也不会试图推倒或制伏大型的猎物，它们完全依靠速度来抓住猎物，所以任何有可能导致它们速度减慢的伤害，对它们来说都有可能是致命的。但是猎豹兄弟并不遵循这个原则，它们经常挑战一些极其庞大和具有危险性的动物。

大家可能认为斑马除了逃跑几乎没有什么抵抗力，但事实远非如此。斑马头部的口和腿部的蹄都是很危险的：它们的牙齿很厉害，可以咬出严重的伤口，腿上的踢功也很让人惊叹。一匹成年斑马对一头

下图 莱瓦山丘的猎豹兄弟。它们之间可以联手捕食一些大型动物，甚至鸵鸟，这是单个猎豹无法做到的。

右页图 猎豹兄弟中的一只正跟踪着猎物。猎豹的捕食策略在于速度的爆发，而不是耐力。作为一个团队，它们可以进行接力捕食：第一只先冲刺，第二只在第一只累了的时候补充上去，第三只进行最后的爆发式冲刺。

狮子来说都可能是致命的，更不用说对猎豹的杀伤力了。虽然有危险，但猎豹兄弟仍然经常捕杀斑马。它们采取的策略很简单：隐蔽地跟踪到足够近的地方，突然开始奔跑，并试图将小斑马或小马驹孤立出来，然后将它们推倒，要么狠狠击中它们的后腿及臀部，要么从下面将它们绊倒。但是计划执行起来却是非常危险的——雌性斑马在保护它们幼崽的时候是非常顽强的，有时马群中的雄性斑马都可能会加入防御战中，使用的武器就是抢起的蹄子和露出的牙齿。

猎豹兄弟通常需要共同努力才能制伏它们的猎物，它们的狩猎会采取接力赛的形式——第一只猎豹发起进攻，第二只接替而上，紧跟着是第三只，这种方法最终会将斑马绊倒，随后三兄弟共同完成最后的

比赛。

它们会对其他动物采取同样的策略，甚至是"武器"更厉害的猎物。但是，有时即使是三兄弟联手也不足以拿下猎物。一只断了前肢的大羚羊（东非剑羚）能够用它的剑角做武器来抵抗猎豹，保护自己，在猎豹放弃之前，大羚羊能够坚持两个小时。一只年轻的大羚羊本来很容易被猎豹绊倒，但是猎豹很难抵御成年大羚羊团结一致又极具进攻性的反应。这些大羚羊是非洲最大的羚羊，它们可以让猎豹快速逃跑。

按正常标准来看，这三只猎豹的体型是非常大的，数量上的优势可以让它们挑战一下几乎不太可能的猎物——成年非洲鸵鸟。猎豹兄弟平均一个月捕捉一只鸵鸟。每次的捕猎情况都不一样，它们或者在巡视领

上图　从左至右，狩猎开始。一只路过的雄性鸵鸟被休息中的猎豹兄弟盯上了。猎豹开始盯梢，然后冲刺追赶。雌性鸵鸟跟着它的配偶一起跑，也成为猎豹的目标。第二只猎豹继续跟进，盯上了这只雌性鸵鸟。第三只猎豹也加入其中，三兄弟联手重磅出击将这只巨大的雌性鸵鸟拿下了。

地时碰到鸵鸟，或者在主动出击捕猎时遇到鸵鸟，但是在大多数情况下，鸵鸟会无意中走近一棵树，而猎豹兄弟正在树下将头部抵在胸前打瞌睡。

　　一看到鸵鸟，它们就小心翼翼地不让鸵鸟察觉地站起来，以免惊动鸵鸟。一只猎豹打头阵，另外两只则向后退缩，伺机而动。打头阵的猎豹在向前滑动跑时头部会略低于它们的肩膀，眼睛紧紧地盯着它的目标。它的每一步都是经过慎重权衡和考虑的，巨大的肩胛骨幽灵般的一起一落，散发出一股积蓄已久的能量。

　　它们时而侧身向前，时而不动，时而贴在地面上，

猎豹逐渐缩短了和鸵鸟之间的距离。每次鸵鸟抬起头时，猎豹都会站住不动。同时，另外两只猎豹在它们身后大约30米的地方跟着。在莱瓦山丘茂密的草地中要密切地关注三只猎豹的行踪几乎是不可能的，尤其是猎豹会利用地面上的每一道起伏和褶皱。这些猎豹的跟踪技巧非常高超，以至鸵鸟长长的脖子和锐利的眼神没有发挥出任何优势。

　　现在，领头的猎豹已经在离鸵鸟40米的范围内了，并隐藏在一片草丛中。突然，鸵鸟发现了危险，开始全力奔跑。在离最后一次看见猎豹几米远的地方，一场视线模糊的运动爆发了。当鸵鸟奔跑时，它长长的腿向前倾斜，而且加速很快，猎豹要捉住它似乎是不可能的事情。

　　但是猎豹也在奔跑着，目光紧紧锁住鸵鸟。突然，猎豹加速了，它紧跟而上，努力缩短与猎物的距离，向我们展示出世界上奔跑最快的选手的速度。它们就

像从地面上飞起来似的，脚几乎都不触地，紧紧地跟在鸵鸟后面。它们扑向鸵鸟，用前肢钩住鸵鸟，尽力将鸵鸟向后拖，但是，鸵鸟的奔跑速度太快了，猎豹都被带跑了。好在猎豹的后肢是触地的，再加上猎豹的体重就会使鸵鸟的速度慢下来。现在，第二只猎豹一跃而起，抓住鸵鸟的一只翅膀，把鸵鸟从腿上甩了下来。第三只猎豹紧紧地捉住鸵鸟的脖子，并使劲向后拖，同时远离鸵鸟的身体，以避开鸵鸟乱蹬的腿，鸵鸟的腿如果踢到猎豹，会将猎豹的内脏踢出来。

突然间，一切都结束了。猎豹必须抓紧时间进食，因为莱瓦山丘是狮子和鬣狗的天下，它们很容易被赶跑。猎豹进食时不会像其他猫科动物那样发生争斗，而是随时有一只猎豹会抬起头看看有没有危险。可能是鸵鸟身体形状的原因，它们似乎无法将鸵鸟翻过来吃另一面。但是这时，猎豹兄弟已经吃得很饱了，肚子大得难以置信，它们需要花上几天的时间躺在树下

上图　猎豹兄弟四处搜寻猎物。猎豹捕食时一般都是单独行动，但是它们已经学会了在捕猎时团队协作。

消化刚才的大餐。

白靴兔的兴衰史

很少有比加拿大的育空地区更荒凉的地方了。冬天既漫长又寒冷，环境很严酷。温度经常降到 -40℃以下，刮风时，裸露在外的肌肤在几秒钟内就会结冰。深厚的积雪、崎岖的地貌使得徒步旅行在这里变得异常艰难。但是冬天也是一个美丽的季节。大雪使得地面景观的线条柔美起来，给山脉和森林增添了童话般的色彩，北极光让夜空挂满了不断变幻的光幕。

在干冷而平静的早上，各种动物活动的痕迹在雪地上清晰可见。从脚印上可以看出，狼群行走了很长

一段距离；白靴兔从柳树下的一块空地跳到另一块空地上；貂熊缓慢地走来走去，寻找着食物。很多哺乳动物都有着华丽的皮毛，这并不稀奇，这些皮毛很值钱，于是在300多年前就吸引了很多捕猎者来到这里。为了金钱，皮毛交易带动了这片荒凉之地的发展。哈得逊湾公司是加拿大皮毛交易的中心，它详细地记录着每年的交易数量。对20世纪30年代早期的记录加以分析后，你会有一些神奇的发现。

很明显，在8~11年这个时间段内，加拿大猞猁的数量和白靴兔的数量同时增加或减少。好像是白靴兔的数量最先达到一个峰值，然后突然急剧减少，白靴兔数量的锐减很快就反映在猞猁数量的减少上。在很长一段时间内，两者的数量仍在继续减少。在它们的数量达到谷底时，这种状态维持了好多年，然后开始慢慢增加，在前一个高峰大约十年后又再次达到另一个高峰。这个发现告诉科学家，加拿大猞猁和白靴兔的数量在一定程度上是息息相关的，白靴兔数量的减少导致猞猁数量的减少。但是，又是什么导致白靴兔数量的锐减呢？

以前，人们认为白靴兔数量太多时可能会自相残杀。事实上，白靴兔的数量确实很多，最多时，每公顷土地上会有4只白靴兔，但是最近的研究表明，白靴兔数量减少的主要原因是捕食者的捕杀。有着这样充足的食物供应，很多捕食者就一直盯着白靴兔。像猫头鹰和其他猛禽、加拿大猞猁、狐狸、狼和貂熊都捕食白靴兔。当白靴兔的数量达到最高峰时，其他本来不捕食白靴兔的捕食者也都插上一手。美洲隼甚至红松鼠都会捕捉整窝的小白靴兔。白靴兔捕食者如此多，以至白靴兔被吃掉的速度大于白靴兔繁殖的速度。

白靴兔数量锐减，所剩无几，但是很多的捕食者仍然非常饥饿，因此存活下来的捕食者不得不捕食其

上图 白靴兔正在咬食花骨朵。曾有说法认为，白靴兔的数量周期性下降的原因是过度放牧导致的食物短缺。但事实证明，下降的原因是出现了大量以白靴兔为食的捕食者。

右页图 专门捕食白靴兔的动物——加拿大猞猁。它们的数量和白靴兔的数量是息息相关的。

他猎物，但加拿大猞猁并未改变捕食目标。它们专门捕食白靴兔，以至它们的命运和白靴兔紧紧地联系在一起。所以，加拿大猞猁的数量也会锐减。但是，我们不明白的是，为什么白靴兔数量在那么长一段时间都是那么少。曾有人认为白靴兔繁衍的速度那么快，当捕食者减少时，它们的数量应该会迅速回升。不过，最新的研究提供了一个有趣的答案。

当白靴兔的数量达到峰值时，捕食者给白靴兔带来的压力就会非常大，压力造成雌性白靴兔产崽数量减少，每窝的小白靴兔个体也变小了。越来越多的白靴兔被捕食者捕杀，出生的白靴兔数量却在减少，因

此，白靴兔的数量会锐减。但是研究者认为，压力很大的雌性白靴兔生出来的小雌性兔也是很有压力的。妈妈体内的压力激素好像是影响了它们还未出生的宝宝，这也导致下一代的雌性白靴兔产仔减少，子代个体也变小。似乎这种压力影响着一代又一代，所有这些都是由之前的大规模捕食导致的。在这种大规模捕食过后的 3~5 年，白靴兔才又开始正常地繁殖，这时白靴兔的数量才开始增多。

这种遗传压力会有什么好处吗？从个体层面来说，这是非常有益的。压力重重的雌性白靴兔生出的小兔可能会更警觉，警惕性会更高些，这样它们就相对安全一点儿。因为它们更有可能发现捕食者，在有大量捕食者仍然关注着白靴兔的情况下，拥有更少、更警惕的白靴兔比拥有大量天真的白靴兔好得多。只有在捕食者数量减少时，白靴兔生出的后代才会稍微放松警惕。

捕食者和猎物之间的命运是息息相关的，但是在

上图 对捕食者和猎物来说，这是一场关于生命的竞赛。捕食者数量增加的压力导致雌性白靴兔产下的小兔崽减少。小兔崽继承了较高的压力激素，反过来也会让它们保持更高的警惕性。

右页图 猛犬蝠离开它们白天栖息的热带雨林树干，前往河边。这是一种可以在黑夜中捕鱼的飞行哺乳动物。

加拿大猞猁和白靴兔这个案例中，它们这种紧密相连的关系在自然界中属于一种很极端的现象。

夜行捕鱼者

所有的哺乳动物捕食者都试图超越领地的限制。独特的适应行为和灵敏的感知能力可以让它们在一些适应力差的类群无法到达的地方找到食物。但是它们之所以能取得成功并不仅是因为使用了恰当的工具，在精准的时间充分利用机会也是很重要的。

位于中美洲的伯利兹的国土是一块由流水冲刷而成的陆地。几千年来，流水侵蚀了石灰岩山丘，清澈的河水将这些山丘分隔开来。这里的降雨非常频繁，塑造和滋养了很多生命，尤其是雨林。这里还有一类生物生存得特别好，它就是蝙蝠。很多蝙蝠使用回声定位来寻找猎物，它们真的是在黑暗中发出超声波，然后倾听回声，从回声中它们会构建前方的画面。但是较大个的猛犬蝠（也被称为墨西哥兔唇蝠）除了要在黑暗中看物体，还面临一个更大的问题——它们的猎物生活在水下。

猛犬蝠的体型很大，再加上与众不同的口鼻而得名猛犬蝠，它们看起来很有威胁性。每天晚上它们都会从栖息地出发，前往河边。它们飞行时距离水面只有大约半米，基本不发出响声，它们的翅膀非常僵硬，采用上下起伏的飞行方式，它们呈"Z"字形地来回寻找着暗示水下可能有鱼群存在的涟漪。只要有一点儿动静，猛犬蝠就迅速下落到它们认为鱼所在的位置，用它们的足在水中搜寻。

猛犬蝠的足是它们能成功捕食的关键。每只足的足踝处都很纤细，但足的长度一直延展到长长的脚趾处，宽度也渐渐变宽，足上有着钩形爪。它们的足可以穿过水面，足底向前，足上的钩形爪像抓钩一样向前伸着。水面上的任何鱼类都会被这个令人生畏的"武器"抓住。通常一只爪子会刺入鱼鳃盖中，牢牢地钩住鱼，被钩住的鱼就被拽着脱离水面，在蝙蝠的冲力带动下向前。猛犬蝠继续向前飞行，但它的爪子紧紧

下图　捕鱼行动。猛犬蝠发出超声波脉冲，扫过水面，倾听水面上任何动作发出的回声，用于定位猎物的位置。在确定位置后它们会放下钩形爪，抓住一条鱼，然后用它们飞行时的冲力将鱼拖出水面。

上图 捕鱼。巨大的爪子，按比例来说比老虎的爪子还大，用于在水面上将鱼钩住。

出与众不同的力量。这种投机性抓捕是非常成功的，蝙蝠穿过水面的速度意味着鱼类根本就看不到蝙蝠的动作。

整个夜晚，猛犬蝠在活动的高峰期就是如此捕鱼。但是在最好的捕鱼地点是存在竞争的。鱼类只在水面处停留很短的时间，因此猛犬蝠必须充分利用这个时间点。在一些小水池，蝙蝠之间可能会有撞到彼此的危险，这时回声定位就发挥了作用。如果一只蝙蝠可能会撞到另一只蝙蝠，那么它们会发出一个降了八度的回声定位，其他蝙蝠听到这个通常都会让路。

这个非凡的技巧是如何练就的呢？可能是猛犬蝠从水面上捕捉昆虫演化而来的，在此基础上再演化出捕食鱼类的技能。无论何时，这种技巧和能力的独特结合都使猛犬蝠成为捕鱼高手。

杀手虎鲸的池中捕猎技巧

遥望南大西洋，你只能隐约感受到这片巨大水体蕴藏的能量。巨大的灰色海浪拍打在海岸上，展示了积蓄的力量。这里全部被水覆盖，但在一年中一些特定的时节，几个小岛会露出波浪滔天的海面，成为南大西洋野生动物的绝佳去处。

其中的一个岛屿就是海狮岛，它是福克兰群岛的一部分。这是一个狭长的岛屿，北部是马鞍状的风蚀沙地和古老的泥炭地山脊。这里是巴布亚企鹅的栖息地，它们在岛屿的宽广高地上筑巢。这些领地有着极好的对称性。当大风肆虐时，这些企鹅就像风向标一样，每只企鹅都会背对着风躺着，看上去好似企鹅群排好队在飞行一样。

每天早上和晚上，一群企鹅会赶到海滩，在广阔的海洋中觅食，而它们的伴侣则守护着巢穴。每天傍

地抓着正在翻滚扭动的鱼。蝙蝠有力地拍打着翅膀，准备开始向上飞。当这样做的时候，它会扭动着将鱼向前然后向上抬起，同时将头部向下弯，身子向右弓起。鱼就这样被送到了蝙蝠的嘴里，蝙蝠也会一口咬住鱼的头部。可见，还在空中飞行的时候，蝙蝠就开始快乐地享用这条鱼了，它们将鱼塞进颊囊中，颊囊被这个战利品塞得鼓鼓的。

这一系列动作让人惊奇的地方在于猛犬蝠所展现出来的动作的敏捷性和协调性。它们的速度非常快，飞行速度超过每小时64千米，在如此靠近水面的情况下抓住鱼需要高超的技巧。但是猛犬蝠并不只有这一个技巧。

如果水面上没有出现鱼的迹象，猛犬蝠就会凭借它们令人惊叹的空间记忆力回到上一次成功捕鱼的地方。蝙蝠靠近水面滑行，像以前一样将足伸进水中，只是这次蝙蝠会将足伸进水面滑行长达1米。蝙蝠看起来就像是滑冰选手，它们耙子一样的足展示

晚都会有企鹅在海浪中"飞行"的盛况。它们快速游动着，竞相抓住海浪，并顺着海浪游回岸边。

它们如此匆忙地往回赶的原因很快就会知晓。在它们身后的水中，可以看到黑色的巨大背鳍——虎鲸，这是海豚科家族里最大也是最凶猛的食肉动物成员。在海狮岛附近生活着一群或许是两群虎鲸。在 11 月和 12 月，它们来到这里捕食比企鹅大一些的猎物——南象海豹的幼崽，这些海豹散布在岛屿的海滩上。

在 9 月和 10 月，这里异常活跃，沙滩上挤满了抢夺交配权的雄性南象海豹，雌性南象海豹则回到岸上生产和交配。之后这里就只剩下小南象海豹了。南象海豹妈妈生下小南象海豹后只哺乳三个星期，就将

下图　胖胖的南象海豹幼崽躺在福克兰群岛海狮岛上它们的育婴池附近。它们在这里练习游泳，为海洋中的生活做准备。但是在涨潮时，这里的水会与大海相通，成为捕食者进入的通道。

它们抛弃在这里，而小南象海豹要一直留在这里待到 12 月或第二年的 1 月，那时它们逐渐成熟，而且十分饥饿，这些会促使它们回到广阔的大海里去。

现在它们沿着海岸线躺着，在这浅浅的海湾里交替着睡觉，时而嬉戏打闹，时而游泳。早上是它们最活跃的时候，它们会冒险跳进标志着主海滩南端的海湾中。这个特别的海湾绝对是它们的最爱，海湾周围遍布着海藻，这里是南象海豹的最佳育婴池和训练基地。

了解这个海湾的构造就可以理解接下来发生的事情了。海湾大约有城市里的游泳池大小。海湾从海岸基岩向外延伸，在陆地这一侧的小湾是非常浅的，并向海里倾斜。在海边是一个岩石的山脊，正好横亘在海湾的前面，将海湾包了起来。

但是在岩石中部有一个缺口，形成了通道，将海湾和大海连接起来。这条通道有 35~45 米长，退潮

时，这里既不会很深也不很宽。偶尔小南象海豹会探查一下这条通道的入口处，但是它们从不冒险进入通道，它们更喜欢待在海滩的浅水区。对这样的水生哺乳动物来说，它们似乎对深水区很恐惧。它们很容易紧张，虎鲸不仅知道这个小海湾的存在，而且还知道怎么进入这个小海湾。

是什么原因让虎鲸注意到这个小海湾，我们永远不会知道。考虑到这里的南象海豹群发出的声音是恒定的，而且传得很远，我们猜想很可能是它们的声音吸引虎鲸来到了这个通道的入口处，也可能是虎鲸从它们的妈妈那里得知这个特别的小海湾，因为好几代虎鲸都在这里捕过食。

黎明前，虎鲸来到岩石壁的边缘处，沿着海岸默默地、有预谋地来回游动着。通常情况下，可以从远处看到虎鲸浮出水面呼吸时从喷水孔喷出来的泡沫。但是现在，它们的喷气似乎都是无声的，它们钻出水

面呼吸的次数也比平常少。在大多数虎鲸沿着海岸转圈时，一头雌鲸向通道入口处游去，后面跟着它的宝宝。这种靠近有着令人恐惧之处，它们很快就进入通道内。雌鲸游得很慢，仿佛是在感受海浪的力量，判断这里的环境对它及其宝宝是否安全。进入这里是有危险的，因为如果雌鲸被巨浪卷到岸上而导致搁浅，它就再也没有回到海里的希望了。

雌鲸安静地向前移动着，游过通道，进入小海湾。在这里它会一动不动地在水中停留一会儿。可能它在用声呐判断水中是否有小南象海豹，但是可以肯定的是，海湾中水下的能见度几乎为零，因为潮水一直将很多的海藻卷进海湾。静静地停留了一分钟左右，雌鲸开始转身，游回到宽阔的水域，后面跟着它的小鲸。似乎雌鲸并不能在海湾中停留很长时间，可能是因为海浪会将它一点点推向岸边。这个过程一次又一次地重复：进入海湾，等待，然后转身离开，每次小鲸都

上图（左） 小南象海豹在涨潮时的浪花飞溅中游玩，没有意识到入口处一只雌性虎鲸及其他的宝宝正悄悄地沿着通道进入海湾。

上图（右） 一只好奇的小南象海豹游过来看海湾中的人类，当一头虎鲸靠近时，它也会这样做，这会带来致命的后果。

会跟在雌鲸身后。可能就是在这个过程中，小鲸从雌鲸那里学到了一些知识，能够让它们在长大后继续使用这个方法。

终于好运降临了。当雌鲸进入海湾后，一只在浅滩中玩耍的小南象海豹决定游回海湾。当它向前游的时候，头部钻出水面，突然它注意到这个陌生的黑色影子，既十分警惕又充满好奇心的小南象海豹向黑色的影子靠近，然后停住了。

虎鲸已经完全注意到小南象海豹的存在了，并能感觉到它的迟疑，它慢慢地浮出水面，轻轻地呼出一口气。这个简单的、熟悉的声音让小南象海豹放下心来，然后它又开始向前游，并游到距离虎鲸三四米的地方。就在小南象海豹游到一条看不见的界线处时，虎鲸突然冲上前去。小南象海豹根本没有时间反应，就像被鳟鱼抓住的苍蝇一样，从水面上被拽了下来。

海湾由于虎鲸猛烈扭动尾巴而溅起了浪花，虎鲸向前扭动着身体，试图向通道靠近。将它自己和 120 千克的小南象海豹向前推动并不是一件容易的事，在虎鲸不断向前跃进时，小南象海豹扑腾着身体，试图逃脱。终于，虎鲸回到了通道处，很快就会回到宽阔的海域。

当雌鲸进入开阔的深海区时，其他的鲸都会向它游过来，一会儿就出现了鲸背鳍和背部挤在一起的混乱场面，黑色和白色在水中不断闪现，它们在水中不断翻滚着、跳跃着。但是很神奇的是，这只小南象海豹似乎逃脱了，它的头露出水面，然后开始往海岸处游动。

其实这并不是意外，而是虎鲸故意放走小南象海豹的。这只小南象海豹体型很大，而且有着锋利的爪子和满嘴的牙齿。虎鲸脸部周围的疤痕告诉我们，一些猎物会对它们造成多大的伤害。所以为了把风险降到最低，虎鲸将小南象海豹放走了，让它游回去。然而一头虎鲸突然以飞快的速度直直地撞向小南象海豹的侧面，这个撞击力度很猛烈，可以将小南象海豹撞出水面。这次毁灭性的撞击足以终结小南象海豹的生命。一旦小南象海豹被吃掉，雌鲸又会回到小海湾，这个过程又会继续上演。在 4 天内，可能会有 8 只小南象海豹被吃掉，这对鲸群来说能够补充大量的蛋白质。

雌鲸并不单单等着小南象海豹游过它身边。如果小南象海豹停留在通道边缘的暗礁处，雌鲸就会通过在水中的前后甩动产生波浪，试图将小南象海豹冲下岩石。如果这一招失败，雌鲸会游到和岩石平行的位置，来到小南象海豹躺的地方，然后背过身去，试图用背部的鳍将小南象海豹扫落下来。

这样的机会是如此的有限，虎鲸却知道如何找到这些资源，这是多么的不可思议。这种捕猎需要完美的条件——平静的海面，早上的涨潮，而且很重要的是要有小南象海豹的出现。虎鲸一年中大概只有 5 个早上是可以这样捕猎的。但是它们学会了年复一年地回到这里，学会了充分利用这转瞬即逝的机会。哺乳动物作为捕猎者能够成功在很大程度上基于一种能

力，即不仅要充分利用短暂的捕猎机会，还需要能回到最初的捕猎点，而且记住第一次取得成功的时间、地点和方法。

虎鲸倾斜浮冰以捕食海豹的技巧

虎鲸分布在全球各地，再没有任何一种哺乳动物在海洋中能分布得如此广泛了。它们也是最聪明、最富有经验的捕食者之一，在选择捕食地点和采用捕食方法上不拘一格。

冬天的南极不适合动物栖息。在南极半岛，炫目的白色冰川从冰雪覆盖的山顶一直垂直延伸到冰冻的海水中。即使是在 9 月，海里的冰块也占据着这里的海湾和入口处。但是当春天来临，太阳的威力就显现出来了。冰块开始破裂成更小的冰块，然后冰山消融，冰块漂浮在海上。渐渐地，南极半岛开始显露出来，企鹅、鲸、海豹开始返回到平静的海湾中寻找食物和居住地。在这个极具魅力和寒冷的地方，虎鲸是顶级捕食者。这里有三种类型的虎鲸：一类主要以鲸尤其是小须鲸为食，另一类主要捕食鱼类，第三类更偏爱海豹。最后一类鲸有着灰色而不是黑色的外表，身上白色的斑块被铜绿色硅藻（一种浮游植物）染成了黄色。这些虎鲸身上有一个不同寻常的大大的眼斑罩，与身体平行。

南极半岛的海豹种类丰富，从毛皮海豹、韦德尔氏海豹到豹形海豹，当然所有海豹中数量最多的是食蟹海豹。所有的海豹都在冰上休息，冰层破裂时，它们或者单独，或者成群地在浮冰上打盹儿。当然这个打盹儿是间歇性的，因为它们知道周围并不十分安全。这里从春天进入夏天的时候，浮冰开始变得更小、更薄，也更脆弱了，海豹的危险也会越来越多。

下图　巡游中的虎鲸准备再次悄悄进入海湾。如此难得的机会一年只有一次。这些捕食者不仅必须记住捕食的地点和时间，而且要学会并完善捕杀的技巧。

爆炸式的呼吸和巨大的黑色背鳍划破水面，似乎警告着其他动物这是虎鲸正在无冰区的通道巡游。每隔一段时间虎鲸都会浮窥，寻找着休息中的海豹。当一只在一块很小的浮冰上休息的海豹被虎鲸盯上时，它们就会使浮冰倾斜。

如果浮冰太大而不能倾斜，比如说直径有 20 米的浮冰，虎鲸会采用一系列的战术来使浮冰变小。两头或多头虎鲸会在离浮冰稍远的地方快速游动，在冰块边缘的前方潜入水中，这样溅起海浪，能够冲刷浮冰，这种技巧可能会将海豹冲进海中，也可能不会，但确实可以将浮冰变小，使海豹更多地暴露在外，海豹也会更方便地被移动。虎鲸会将小块的海冰从附近区域推开，然后通过吹泡泡和下潜的方式来制造更大的湍流。如果碎冰仍然包围着这只被围困的海豹，那么虎鲸可能会用它们的嘴将浮冰推到无冰水域。

这时的海豹精神高度紧张——可能会气喘吁吁和

上图　正在休息的食蟹海豹，它们是南极洲虎鲸种群最喜欢的猎物。

下图　巡游中的海豹杀手。它们的皮肤和其他虎鲸相比，更显黑灰色，身上的白色斑块被硅藻染成了黄色，这些硅藻就生长在它们捕猎的海洋中。

上图 两头虎鲸正在浮窥，以判断捕捉海豹的难易程度，以及如何将海豹拖入水中。

下巴打战，但是它无处可逃。跳到水中无异于自杀，所以它只能紧紧地抓住冰块。

　　根据浮冰和海洋的不同情况，不同种群的虎鲸的捕食最终策略是不同的，但是当浮冰直径只有 5 米时，正好可以将浮冰倾斜，一些虎鲸会向浮冰冲去，在离它们身体近的那一侧游动。当虎鲸到达浮冰边缘时，它们会潜入水中，在另一侧突然转身，然后在水面上等待。（人们认为，虎鲸在离身体近的那一侧游动就可以接近浮冰，然后从浮冰下游过，这样就不会伤害到它们背鳍。）

　　海豹逃生的机会微乎其微。首先当虎鲸靠近浮冰时，浮冰会向虎鲸发起的冲击波的波谷方向倾斜，然后当波浪将浮冰抬起时，浮冰又会向另一面倾斜。这些具有破坏力的浪峰直接将海豹从浮冰上冲向等待着的虎鲸那里。

　　被捕食的海豹很少死得干净利索。大多数情况下，虎鲸会抓住海豹，将海豹咬在嘴里，并在海中游一会儿，然后再将海豹从嘴里放出来，如此反复几次，直到最后某头虎鲸将海豹杀死。有时虎鲸甚至会将海豹放回到浮冰上，然后再将海豹从冰上冲下来。可能有一部分原因是更好地训练完美的捕食技巧，还有一部分原因是教虎鲸群中的小虎鲸如何捕食猎物。

　　有时候，海豹确实逃脱了，独自回到浮冰上，但是它可能熬不过在虎鲸捕猎时对它造成的伤害。海豹会使用冰块作为保护屏障。曾经有过这样一个记录：一群虎鲸无法捉到一只不停地围绕冰块游动的海豹。经过 40 分钟不间断的激烈追捕，虎鲸很接近海豹了，但就是无法触碰到海豹，最后虎鲸放弃了，这只筋疲力尽的海豹蜷缩到冰块后面成功躲过了捕杀。

　　如此需要协调一致的捕食方法在动物中是很罕见的。在海豚科家族中，虎鲸是体型最大的，它们向我们展示了最复杂的捕食技巧，而不同地区虎鲸的捕食

技巧又是不同的，似乎它们的策略一直存在——从一代传到下一代。虎鲸所展示的所谓的"捕食行为的文化传递"进一步说明了这些动物的聪明头脑。

非洲高原狼

我们倾向于认为非洲覆盖着连绵起伏的草地、茂密的丛林和广阔的沙漠。但是在非洲也有一部分土地是与众不同的。埃塞俄比亚的野生动物主要分布在高原上，生活在这片壮观的高海拔圆丘上的出人意料的食肉动物中，没有比埃塞俄比亚狼更让人惊叹的了。

在西方科学界最初发现埃塞俄比亚狼（后来又给它起了几次错误的名字）之前，这一物种就很稀有。今天，它们总共不超过 500 只，这可能是世界上最稀少的犬科动物。不同种群互相隔离，各自被困在一座独立的山顶上，由于人类的入侵和已驯化的现代狗带来的各种疾病，它们正处于不断增加的危机中。

大约 10 万年前的大冰期，和灰狼有着共同祖先的埃塞俄比亚狼来到非洲。当冰雪消退时，这些狼就留在了这座高高的山上。它们保留了祖先遗留下来的狼群结构，雄性狼和雌性狼首领是唯一负责繁衍的狼，而狼群中的其他成员则帮助抚养小狼。还有一种曲解——并不是所有的小狼崽都是这个狼群的雄性狼首领的孩子，因为我们都知道雌性狼首领还会和狼群以外的其他雄性狼交配。

狼的群居生活是有很多好处的。不仅可以在抚养小狼上互相帮助，还可以使巡视和保护较大的领地变得更容易，它们的领地可能会达到 13 平方千米。巡

| 右图　狼群成员出发巡视领地前在晨光中暖身。

视领地通常是它们每天的第一件工作。狼蜷缩在蜡菊灌木丛中度过了一个非常寒冷的夜晚，它们把尾巴绕在鼻子周围取暖，在非洲高原早上的霜冻中醒来。当它们起身伸展身体的时候，它们会向彼此问好，然后很快就欢快地翻滚在一起，仿佛在确认着它们之间的亲密关系。很快，它们就会出发去巡视它们的领地。

它们外出时的队形很松散，它们在领地巡视，看看是否有其他的闯入者。如果发现有其他狼群，它们通常会通过尖叫、狂吠和嚎叫来解决争端，而不是使用身体攻击。巡视完领地后，狼就会各自去寻找 食物。

灰狼只有在需要的时候才会单独捕食，而埃塞俄比亚狼却完全是单独捕食，因为这里没有体型足够大的猎物值得它们集体捕捉。但是好在猎物虽然体型小，数量却足够多。高原上住着数不清的啮齿类动物——草鼠、老鼠，还有狼最经常吃的鼹鼠。在某些地区，每平方千米的啮齿动物的体重加到一起可以达到 2 900 千克，对狼来说这是丰富的食物来源，不过这些鼠类也很难捕捉。

但狼是捕鼠高手。一旦鼠类出窝之后被瞄上了，狼就会一点点侧身向前移动，通常它们会将肚子平贴到地面上，试图缩短和老鼠之间的距离，这是为了不被目标猎物或其他鼠类发现而发出警报。每当鼠类看别处时，狼就会像兔子一样跳着向前猛扑，或快速向

前跑，直到足够接近猎物才会猛扑上去捉住它们。但是这些啮齿类动物非常敏捷，这样的捕捉通常意味着一场混乱，因为狼试图捉住老鼠，而老鼠则四处逃窜试图找到洞口钻进地下。当运气和灵敏度足够时，狼就会捉住老鼠，并试图将老鼠一口咬死，以防老鼠转身一口咬在它们极敏感的脸上。如果老鼠成功逃到鼠洞中，那么狼就会试图将它挖出来。

如果窝中有小狼，狼就会在白天定时回到窝中将它们捉住的猎物吐给小狼吃，这些老鼠会被一些刚断奶的小狼或是留在窝中保护狼崽的"狼保姆"抢空。这种方法使狼能够在这种严酷的环境下生存。

但现在狼除了寻找食物和哺育后代，还面临着一个更大的挑战。就像世界上很多其他地方一样，这里的陆地面临着人口不断膨胀带来的越来越大的压力。人们带来了狗，狗又带来了一些疾病。狼与已驯化的现代狗之间的关系很密切，以至它们很容易感染同样

的疾病，在埃塞俄比亚狼群中，疾病正以惊人的速度蔓延着。在 2003 年，有一个狼群 80% 的个体因得狂犬病而死，而这种狂犬病是由现代狗传播的。

所以，虽然狼群在非洲高原上找到了合适的栖息地，但它们的生存仍然面临着巨大的挑战。狼的神奇的捕食技巧和社会生存能力无法帮助它们完全战胜这些挑战，而我们所能做的就是确保我们的后代还能看到这些传说中的捕猎者继续生存在这里。

滨海滩涂、鲻鱼和海洋哺乳动物

佛罗里达群岛是一个神秘的地方，这里分布着红树林和一些小岛屿。红树林和小岛屿之间的巨大区域是滩涂，滩涂覆盖着一层浅浅的水。俯瞰这个地方，可以看到开阔的滩涂中有一些有趣的记号，就像麦田怪圈，风吹来或潮水来后会渐渐消退。这些滩涂圈是一些很神奇的捕食技巧留下的痕迹，而这些捕食技巧需要一些特别的感官、团队合作和掌控环境的能力。

海豚一向以聪明闻名。佛罗里达宽吻海豚（也被称为瓶鼻海豚），或者说至少是一部分的宽吻海豚，已经形成了一套特别的方法来捕捉猎物。这个种群要捕食，有很多问题需要解决。首先，由于最丰富的觅食区在浅滩区，因此海豚要被迫沿着河道游才能到达，

通常它们会侧着身子向远处微深一点儿的地方游动。

一旦到了滩涂，它们就面临着下一个问题——如何找到猎物。这里的滩涂中生活着大群的鲻鱼。就像所有的海豚一样，宽吻海豚使用声呐来定位猎物——发出一系列的咔嗒声，然后收听回音。当鱼群被锁定时，其中一只海豚就会在水中全速向鱼群游去。

当海豚出现在滩涂上时，领头的海豚会绕着鲻鱼群游一个完美的圆圈，它停下来的位置差不多就是开始游动时的位置。当围绕鱼群游动时，它的尾巴会用力地向下拍打。这个剧烈的动作会将泥浆从海底拍打起来，形成一堵泥巴墙将鲻鱼包围起来。

当这只海豚游完一圈时，它的伙伴就会加入进来，它们一个接一个地在泥巴圈的外围肩并肩排成一排。这时泥巴圈的形状就会被破坏，自己坍塌下来。被困在里面的鲻鱼十分惊慌，似乎感觉到危险正从四面八方向它们靠近。为了躲开这个危险，它们从水里跳跃起来，试图跳出这个包围圈。

这正是海豚所期待的反应。现在，海豚的头部从水中抬起，当鲻鱼像火箭一样从水里蹿出来的时候，海豚就从空中迅速地捉住它们。

就像板球运动员连续移动接球一样，海豚有力地跳起来捉住半空的鲻鱼，有时候会向后拱起身捉住一些跳得特别高的鱼，有时候跳起来只是向一个方向完全伸展肢体，回到水中后再用另一种方式将鱼捉住。在几秒钟内，这些泥巴圈就完全坍塌了，而那些没有被捉住的鲻鱼则快速游走逃命去了。

海豚游离这里，在滩涂中搜寻着更多的鱼群，很快一个泥巴圈再次形成了。这些聪明的、适应力极强、群居的哺乳动物就会上演又一场团队合作的完美演出。

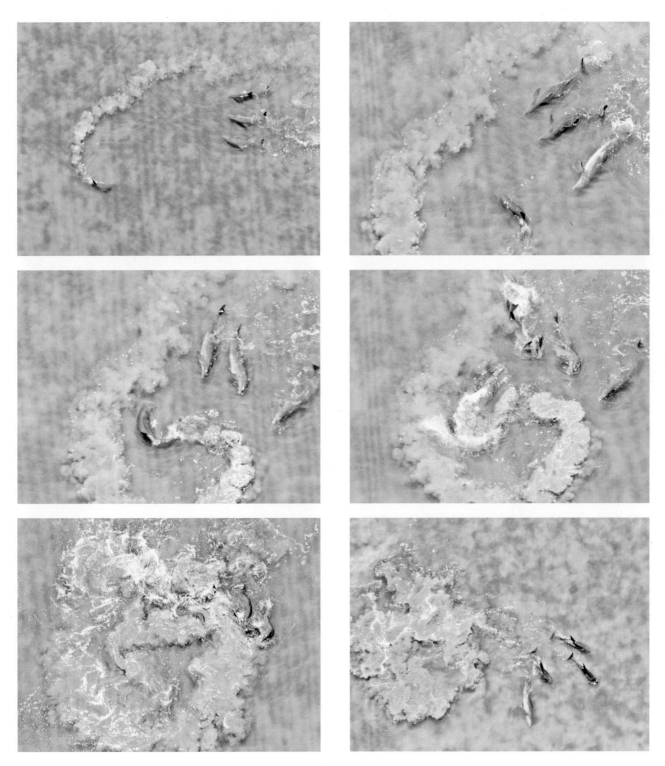

上图　佛罗里达群岛附近的一群宽吻海豚正练习着筑泥巴圈的技巧，这种方法非常适合捕捉滩涂中的鲻鱼。海豚将鱼围成圈，拍打尾巴建成一堵泥巴墙。鲻鱼看到泥墙会陷入恐慌，它们从水面跃起，跳进这些强健的、跳跃力很好的海豚的嘴里。

左页图　宽吻海豚将鲻鱼群赶到岸边，然后捉住跳起来的鲻鱼。佛罗里达海域的不同海豚种群用不同的合作方法来捕鱼。

第九章

聪明的灵长类动物

我们人类看起来可能和马达加斯加的侏儒倭狐猴或泰国会耍杂技的白掌长臂猿没有太多共同点，但是，我们都属于灵长类这一类群。追溯到恐龙时代，我们有着共同的祖先。今天，作为大约 635 种及亚种的灵长类中的一种，我们人类和其他非人灵长类动物一样共同属于这个极其成功的队伍。

没有任何单一的特征能将灵长类动物和其他动物区分开来，灵长类动物往往具有一系列的特征，而这些特征都是受它们在树上的生活方式的影响。向前突出、能够呈现立体视觉的眼睛可以形成三维视像，让我们更深刻、更敏锐地感知世界，这对我们生活在树上的祖先来说是非常关键的。手和脚都有 5 个指（趾）头，而且有着能够触碰到所有其他手指的对生拇指，这大大增加了我们四处活动、握住物体和使用工具的灵活性。虽

上图　世界上最小的灵长类动物——侏儒倭狐猴①，它们是一种夜行性动物，在树上生活，但和人类有着很多共同点。这些共同点包括大大的大脑、能够呈现立体视觉的向前突出的眼睛和对生拇指。

左页图　不成熟的黑冠猕猴正在展示灵长类动物的一个典型特征——好奇心。所有灵长类动物的童年都很长，这样它们就有足够的时间从经验中学习东西。

第 208~209 页图　狮尾狒正在吃草和进行社交。大多数灵长类动物都生活在热带和亚热带森林地区，而狮尾狒却分布在埃塞俄比亚高原上。

① 最新研究发现，世界上现存最小的灵长类动物应该是与侏儒倭狐猴同属倭狐猴属的贝氏倭狐猴，这是 2000 年新发现的一个物种。——编者注

然人类"牺牲"了脚趾的对握能力，而换取了直立行走的能力，但是黑猩猩仍然保留了它们脚趾的对握能力，并可以用脚操控物体。所有的灵长类动物都有指甲，而不是爪子，这样一方面可以保护它们的手指和脚趾，另一方面可以增加碰触物体时的敏感性。可能最重要的就是灵长类动物演化出比它们同体型的哺乳动物更大的大脑，尤其是占据了大脑容量50%~80%，负责意识和推理等能力的大脑新皮质区。这个演化有很多复杂的原因，包括生态原因和社会原因，但是大多数灵长类动物大脑的演化都发生在它们从断奶到成年之间的漫长社会时期，其间它们从经验中学到了很多东西。

灵长类动物分为两个亚目，一类是包括懒猴、狐猴、婴猴、大狐猴和指猴在内的原猴亚目，另一类是包括眼镜猴、猴和类人猿在内的简鼻亚目。今天的灵长类动物有着一系列令人惊叹的、由很多因素导致的不同的社会结构，这些因素包括它们赖以生存的环境、食物、竞争对手和捕食者的威胁。一些动物，例如猩猩过着独居的生活，雌性猩猩独自抚养每只小猩猩长达八九年，但是其他动物，例如白掌长臂猿，它们组成了稳定的雌雄关系，共同照顾幼崽。西非低地大猩猩群居在由雄性银背大猩猩统领的庞大的大猩猩群内，日本猕猴则更进一步组成了有着多位雄性和多位雌性的群体，群体内有着复杂的社会关系以及严格的等级制度。撇开人类不谈，有着最多层面社会系统的灵长类动物当数阿拉伯狒狒。由一只雄性狒狒领导的阿拉伯狒狒群成员数量很少，包括雌性狒狒、小狒狒

下图　破晓时分，吼猴在树顶上叫喊，它们的尾巴能够缠绕东西，就像额外的胳膊一样。集体吼叫是为了告诉其他群体或个体它们的行踪，发出警告让它们远离。吼猴的集体吼叫声是灵长类动物中最响亮的，这个叫声能够传播到 1 000 米远的地方。

崽以及一个或多个雄性追随者，它们会和其他只有一只雄性狒狒的小群体组成寻找食物和睡觉地点的大狒狒群，群内的狒狒数量可以达到好几百只。

人们所发现的非人灵长类动物范围北至日本本州岛，南至南非开普敦，但是大多数都生活在热带或者亚热带的森林中，全年都有食物供给。灵长类动物的全部饮食包括昆虫、青蛙、螃蟹和其他哺乳动物，但是对大多数灵长类动物来说，它们更喜欢树叶、植物的根、种子和水果（在彩色视觉的帮助下采集）。在进食的过程中，灵长类动物通过进食，能够传播种子，给土壤增肥，减少和控制害虫，在维持森林的健康和多样性方面发挥着至关重要的作用。

所有的灵长类动物都有着长长的童年期，在这一时期，它们依赖妈妈取暖，获得安全感，可以放心地四处走动并受到教育，但同时它们也学会了什么时候以及如何寻找食物，谁能够信赖，谁不能信赖，怎样通过气味、声音、触觉和视觉达到最好的交流，还能学会警惕和防范。就像人类一样，这种程度的呵护和投入有时会耗费它们半生的时间，这才是灵长类动物真正与众不同的地方。

就像人类一样，很多灵长类动物同样有着从母辈那里继承而来的独特的当地文化，其中最吸引人的就是工具的使用。在巴西塞拉多热带草原，髯悬猴会用大石块砸开棕核。在苏门答腊岛，苏门答腊猩猩会使用树枝寻找和提取蜂蜜、昆虫。在几内亚的博苏地区，黑猩猩会把油棕叶茎作为杵将植物中的果汁精华捣出来。

虽然我们对其他灵长类动物的认识和敬意不断增多，但是它们的数量却在下降。无论它们的社会如何发达，它们的生活方式多么具有适应性，它们都无法和我们人类竞争。砍伐森林以获取木材，开垦农田或

建造房屋，再加上捕猎和各种疾病，导致包括和我们人类关系最近的将近一半的灵长类动物都被列为濒危动物，也许我们将目睹它们的灭绝。

月光下的捕猎者

眼镜猴每只眼球的大小和它们大脑的大小差不多，因为它们的眼球太大了，以至很难在眼眶内转动，但是它们借助非常灵活的脖子，可以使眼睛随着头部360度旋转。它们的脚上有着长长的跗骨（也由此得名跗猴），这使得其踝部有两处关节。作为一种非常神奇的灵长类动物，眼镜猴的种种问题也引发了科学界的许多争议。

眼镜猴和一些比较原始的灵长类动物——即原猴亚目，包括懒猴、狐猴、婴猴、大狐猴和指猴等——有许多共同特征，它们大多数是夜间活动的动物，但是眼镜猴缺乏它们所具备的基本特征——反光膜（眼睛后部的光反射层）以及用来闻气味的湿鼻子，这两种特性都是用来适应夜间生活的。眼镜猴也有与新大

| 下图　一只通过飞跃和抓握来捕食猎物的幽灵眼镜猴。

陆猴相似的色觉。这些差异导致眼镜猴被归类于包括猴和类人猿（包括人类）在内的简鼻亚目。

虽然眼镜猴缺乏原猴亚目动物典型的夜间活动特征，但是它们也有着夜间活动的生活方式。它们生活在文莱、印度尼西亚、马来西亚和菲律宾等东南亚岛屿上的森林中，头部和身体的长度加起来仅有 10~15 厘米，是世界上最小的灵长类动物之一。但是它们的后肢差不多是它身体的两倍长。真正将它们与其他灵长类动物区分开的是其贪婪食肉的特性，它们什么植物也不吃，完全依靠敏锐的捕食技巧生存。

在印度尼西亚苏拉威西岛的淡可可自然保护区，幽灵眼镜猴以 2~10 只为一组结群生活，大多数群体包括一只雄性猴、一只雌性猴以及它们的后代。白天

它们更愿意高高地悬挂在无花果树的气生根上睡上一天，夜幕降临时才会出来捕食。和其他所有的眼镜猴一样，它们也能垂直跳跃和抓住东西，在那长长的、肌肉发达的后肢的支持下，它们能够以惊人的熟练程度和准确性在树枝或树干之间飞跃几米远。它们的脚是第一个接触着落点的部位，紧接着是有着长长手指的手部。它们也可以用四肢攀爬、跳跃和行走。在夜晚要想准确地抓住树上的猎物，就需要依靠最敏锐的视觉，眼镜猴没有反光膜，但能依靠它们巨大的眼睛和放大的瞳孔来收集从月亮和星星反射过来的每束光。遇到满月时，它们会变得极为活跃。

幽灵眼镜猴醒着的时候有一大半时间都在寻找食物。为了寻找食物，它们在淡可可自然保护区的活动范围达到了 41 000 平方米，从它们的体型来说，这个距离已经相当远了。它们利用二重奏的声音和在树上留下气味做标记来保护它们的领地。小眼镜猴跟着妈妈一起四处走动。当眼镜猴很小的时候，猴妈妈会在寻找食物时把它叼在嘴里，妈妈觅食的时候让它等在那里；眼镜猴稍大一点儿的时候，它就会抓着妈妈的皮毛；长到大约 45 天的时候，它就可以独自进食了。待在距离地面一两米的高处可以使它们更安全，但是

左页图　寻找食物的眼镜猴。巨大的、可移动的耳朵可以帮助夜间捕食的眼镜猴准确定位猎物的位置，巨大的眼睛则能收集任何可用的光线，从而实现更近距离的聚焦。和很多其他夜间活动的哺乳动物不同的是，幽灵眼镜猴没有反光膜，却有着辨色的能力，这一特点使它们和猴科灵长类与类人猿的关系比与指猴、狐猴的关系更近一些。

下图　无花果树上，一小群眼镜猴从它们白天睡觉的地方跑出来。

有时候，尤其是在干旱季节，食物很难寻找时，幽灵眼镜猴就必须来到地面上。因为体型很小，它们很容易就成为包括巨蜥、蛇和马来灵猫在内的动物的捕食对象，所以它们要时刻保持警惕。发现危险时它们会发出警报声，其他的眼镜猴就会加入，共同对付捕食者。

眼镜猴不但通过视觉，还会通过听觉来发现猎物，在能够旋转的头部和不断移动的敏感耳朵的帮助下，它们能捕获的猎物包括甲虫、蝉、飞蛾、毛毛虫、蟋蟀、蝈蝈、蚂蚱、蟑螂，以及蜘蛛、白蚁和蚂蚁等。大多数昆虫都是它们从树叶和树枝上抓取或猛然扑取的，而且眼镜猴的视力很好，它们也可以在半空中捕捉猎物。

眼镜猴演化出如此原始的生活方式是很吸引人的（另外一种在夜间活动的简鼻亚目灵长类动物是生活在南美洲和中美洲地区的夜猴），有可能是在恐龙时代要结束时，眼镜猴的祖先才变成昼行性动物，就像其他大多数猴科灵长类和类人猿一样，它们演化时

逐渐失去了反光膜。眼镜猴有色觉这个事实更加证实了这一理论。眼镜猴专门捕食昆虫和其他在夜色掩护下活动的猎物，这可能会促使它们回到夜间活动，以获得充足的食物。没有反光膜，它们就采用了类似猫头鹰的捕食策略——长出大大的前突的眼睛、能转动的头部和敏锐的听觉。现存的眼镜猴被发现的有 12 种[1]，还可能有更多的未被发现，但可以确信的是，这是一种非常成功的演化策略。

家族生活和水果因素

大猩猩作为一种种群最受威胁的灵长类动物，其发现时间并不早。1847 年，一个传教士带回了一个大猩猩的头骨，大猩猩才被正式发现并被用于科学研究。西非低地大猩猩主要分布在非洲西部和中部，它

① 世界自然保护联盟（IUCN）和物种 2000（Species 2000）
数据显示，眼镜猴属共 12 种。——编者注

们生活在黑暗、茂密的雨林中。在这样的环境中碰到大猩猩，对人类和大猩猩来说都是非常惊悚的，大猩猩和人有可能会逃跑，也有可能为了防御而变得具有进攻性。直到 20 世纪 90 年代，动物学家在沼泽的开阔地区发现了大猩猩所食用的富含钠的水生植物，大猩猩才在野外被大量观察。这些植物富含水分，而且容易被发现，所以大猩猩仅用一两个小时就能吃饱，然后回到森林中。所以直到今天，相对来说，我们对大猩猩种群生活的了解还是比较少。

成年雄性大猩猩，也就是银背大猩猩，所扮演的角色是整个家族中的保护者。银背大猩猩站起来并不比人高，但是体重却是人类的三倍，平均达到 180 千克。它们还有巨大的犬齿。背部的银色鞍状毛是雄性大猩猩成年的标志，大约在 14 岁时长出。在那之前，雄性大猩猩会有着均匀的黑色皮毛。从体重和大小来说，雌性大猩猩是雄性大猩猩的一半，头顶上有区别于雄性的红棕毛。

西非低地大猩猩的家族成员很稳定，典型的大猩猩家族是由一只银背大猩猩、三四只雌性大猩猩和四五只小猩猩组成的。在白天，大猩猩家族成员可能会分散开来，它们之间会用安静的、类似呼噜的声音来保持联系。到晚上，它们会聚到一起寻求保护，并睡在地上（如果地上潮湿，会睡在树上）。水果在大猩猩的饮食中占据了很大的比重，由于水果的季节性和成熟时期不一样，这限制了大猩猩家族成员的数量。小的家族可以依靠一棵果树为生，成员之间不会有很多竞争和打斗；如果是大家族，情况就会不一样。但是如果大猩猩家族所占据的区域里有很多果树，一个大的家族也是有可能和睦生活的。我们曾经观察到一个大猩猩家族有一只银背大猩猩和九只雌性大猩猩。但是大猩猩家族的规模并不仅仅是由水果的获取量来

上图　一只雌性大猩猩正在开阔的沼泽地带进食富含钠的水生植物。它的幼崽在母亲的背上观察并学习进食的过程。这些开阔地带是除了茂密的雨林为数不多的可以观察到西非低地大猩猩的地方之一。

左页图·左　小猩猩之间在打闹。玩耍是灵长类动物成长中极其重要的一部分，在这个过程中，它们可以进行实验和学习社交技巧。

左页图·右　一只银背大猩猩正在捶打胸部，这样做要么是为了吸引雌性大猩猩，要么是为了展示它的统治地位。虽然大猩猩体型庞大，但是它们是毫无攻击性的，它们会使用各种社交技巧来避免激烈的对抗。

217

决定的。

雌性大猩猩会和它们所认定的非常强壮的银背大猩猩待在一起，这样的银背大猩猩能够保护它们和它们的小猩猩免受其他可能杀死它们的孩子的银背大猩猩和豹子的伤害。然而，今天最大的威胁更多是来自丛林猎人的猎枪和埃博拉病毒。

当长到成年时，雌性大猩猩会加入另一个大猩猩家族，偶尔可能会和一只落单的银背大猩猩组合在一起。大多数年轻的银背大猩猩通常是独自行动的。当它们足够大、足够强壮时，它们就会吸引雌性大猩猩。银背大猩猩捶打胸部的声音回响在整个森林。这个声音可能用来和雌性大猩猩保持联系，也可能表示有麻烦。相邻的大猩猩家族通常都会包容彼此，但是如果单独一只银背大猩猩进入它们的家族领地，那就会爆发一场打斗。为了避免受伤，打斗是仪式化的，这场打斗以吼叫开始，然后升级，最后以捶打胸部结束。最后的压轴动作是敲打地面或从树上扯下一根树枝。

虽然现在的认知是一只银背大猩猩很少从另一只大猩猩那里接管一个家族，但当一只银背大猩猩死后，它的雌性大猩猩可能会被邻近的年轻的银背大猩猩驯服，前提是这只年轻的银背大猩猩能够征服它们，否则它们就会解散，然后加入其他家族。观察发现，雌性大猩猩的这种轻易的迁徙和它们之间很少互相梳理毛发的行为反映了雌性大猩猩之间虽然有着等级之分，但是它们之间的关系纽带却是很微弱的。

相比较而言，小猩猩和雌性大猩猩之间的联系则非常牢固，而且会维持很多年。至少有三年的时间，小猩猩会一直待在雌性大猩猩身边，吮吸母乳，与雌性大猩猩保持亲密关系。当雌性大猩猩四处走动时，小猩猩会待在雌性大猩猩的背上，学会认识吃的东西、怎样避免麻烦以及如何和其他的大猩猩相处。这

个漫长的学习期限制了雌性大猩猩一生中所产下的小猩猩的数量，但是对小猩猩今后生存所需要的技巧而言，这样的投入又是必需的。小猩猩会经常在一起玩耍，但是它们不会形成长期的关系，可能是因为它们长大后会离开这个家族，独自生活。

受过教育的类人猿

每天早上，印度尼西亚苏门答腊岛的勒塞尔火山国家公园都会随着一阵阵刺耳的声音活跃起来：马来犀鸟隆隆的叫声回响在热气腾腾的山谷中，一对白掌长臂猿开始了嚎叫与哀号组成的二重唱，拟啄木鸟嗡嗡的歌声以及蝉鸣声也加入其中，使得这里的声音越来越响亮。紧接着，树顶上传来了世界上最大的树栖动物——红毛猩猩的长鸣声。

红毛猩猩在马来语中的意思是"森林中的人类"，它实际包括两个物种：苏门答腊猩猩和婆罗洲猩猩，也就是说，只有在苏门答腊岛和婆罗洲岛上能发现这

上图　克坦贝地区的雌性猩猩从高高的树顶上采摘食物，一只长长的前臂紧紧抓着稳固的树枝。这些活动显示了红毛猩猩抓握的前臂的重要性。

左页图　了解什么样的东西可以吃。在森林中，红毛猩猩妈妈会花八九年的时间教育小红毛猩猩如何在森林中生存，这是非人类的哺乳动物哺育后代最长的时间。

种类人猿。虽然它们重达 90 千克，却是爬到树顶的好手，它们非常灵活，可以手脚交替抓握树枝攀爬。它们大大的脚趾能够像手一样紧紧地抓住东西，髋关节能够保证完成一些关键动作。这种树栖能力，加上学习技能，使红毛猩猩能够选择最佳的攀爬路线，无论是在高大的树冠上杂技般地摇摆，伸出双臂抓住附近的树枝，还是荡秋千般地在藤蔓上荡来荡去，或者是不断攀爬树干，寻找最佳的树枝连接处。如果跨越的距离对幼崽来说太宽，母亲就会用自己的身体充当桥梁。

　　红毛猩猩的巨大体重意味着它们在移动的时候，会有持续不断掉落的树枝。虽然每次至少会有两肢抓住树枝，但红毛猩猩还是偶尔会从树上坠落摔断骨头。这就提出了一个问题：为什么红毛猩猩不像大猩猩和黑猩猩一样多待在陆地上，有选择地爬果树，而是冒险爬到那么高的树顶上呢？在苏门答腊岛，这个答案显而易见，就是陆地上有老虎和云豹。此外，健康问题也是一大因素，远离森林地面，通过接触粪便和被污染的土壤，红毛猩猩染上原生动物和肠道蠕虫等寄生虫的概率就大大减小了。

　　比红毛猩猩的树上技巧更让人印象深刻的就是猩猩妈妈关怀幼崽的程度。雌性猩猩和人类中的女性差不多在一样的年龄达到性成熟，它们的妊娠期持续 8 个半月。接下来雌性猩猩可能会花费八九年的时间独自抚养小猩猩，并教会它们在森林中生活。红毛猩猩是孕期间隔时间最长的陆地哺乳动物（包括人类），小猩猩的童年期也是除人类之外所有动物中最长的。

　　在苏门答腊岛的热带雨林中生存需要学习大量的技能。在勒塞尔火山国家公园的克坦贝地区，科学家进行了长达 35 年的研究，结果表明雌性红毛猩猩会

上图 雌性猩猩和小猩猩。雌性猩猩的妊娠期有 8 个半月，然后花费八九年的时间来哺育小猩猩，这在非人灵长类动物中是时间最长的。

状树枝从树洞中取水，会用小树枝从缝隙中寻找昆虫和没有螫针的蜜蜂酿的蜂蜜，用剥去树叶的树枝从包裹着带有刺激性毛毛的毛榴梿果实中找出种子。沼泽森林和克坦贝地区的红毛猩猩有着不同的发声方式，例如它们从噘起的嘴唇中吹出"噗噗"声（一种咂舌声）来表示它们完成了巢穴的建造。

虽然所有的红毛猩猩都过着独居的生活，但是它们偶尔也会聚在一起，要么是雌雄猩猩联络感情，要么是在一起进食。当到了无花果树结果的季节时，很多树也会同时结果，这时就会看到红毛猩猩聚到一起形成的最大的猩猩群。红毛猩猩在果树结果时聚到一起是很具有社会性的，这时不仅可以看到一些近亲在一起进食，还能观察到小猩猩之间玩耍的情景。

对于小红毛猩猩的独自成长，这种代代相传的基本教育对红毛猩猩的成功生存来说是非常重要的。它们的一生，能够对生物多样性和热带雨林做出重要的贡献，尤其是对种子的散播。因为对栖息地的依赖，它们也是衡量这片土地健康状况的晴雨表。但是随着非法砍伐、森林火灾、油棕榈种植的迅速扩张以及非法捕猎，苏门答腊岛上剩余的高度聪明的类人猿已不到 6 600 只。

学会保暖

猕猴是世界上分布最广的非人灵长类动物，共有 20 多种，分布在从北非到喜马拉雅山脉、印度南部和亚洲东南部的广阔陆地上。它们的栖息地也非常多样化，既有热带红树林沼泽，也有山地雪松林。最强壮、位于最北端的猕猴就是日本猕猴，它们可以生存在 -20℃的环境下。

日本猕猴生活在日本最大的岛屿——本州岛的森

在 4.5 平方千米的活动范围内教小猩猩从大约 200 种木本和藤本植物中挑选水果，其中无花果是它们的最爱。为了有丰富多样的饮食，雌性猩猩会教小猩猩找到一些特别的树叶、花朵、树心、真菌类、蜜蜂和白蚁，还会教它们抓住一些偶然碰到的，诸如懒猴等的小型哺乳动物。对小猩猩的教育还包括建造它们白天和夜晚居住的巢穴，遮挡阳光和雨水的保护伞，以及用树叶制作在带刺乔木上觅食时的防护装备。

红毛猩猩在行为上存在着文化差异。在勒塞尔火山斯瓦克低地的沼泽森林中，雌性猩猩占据着更大的活动范围——面积达到 8.5 平方千米，它们会使用铲

林山地地区，昵称为雪猴。它们身体敦实，身上有厚厚的皮毛，20~100 只日本猕猴成群生活在一起。雌性猴和小猴子在数量上远远超过雄性猴，它们的数量比例约为 3:1，甚至更高。每个猴群都有几个母系群，它们遵守着严格的、继承下来的等级制，小猴子会继承它们母亲的等级。在它们生活的部分地区，冬天的环境非常严酷，有着厚厚的积雪和极低的温度。在这样的条件下，要保暖和找到充足的食物，猴子就要提升自己的地位。

日本猕猴一年中大多数时间主要是吃水果的，但是在冬天，它们就不得不在饮食上灵活一些，去寻找

右图　一只地位很高的雌性日本猕猴在温泉池中给它的孩子喂奶取暖。地位较低的猕猴可能不被允许进入池中。

下图　地位高的小猴子在温水池中玩耍。小猴子从它们的妈妈那里继承了地位，这使它们在寒冷的环境中拥有很大的优势。

质量相对差一些的食物，比如树皮、冬芽、植物根或竹叶，有可能还会补充一些高蛋白的昆虫及其幼虫、坚果和真菌类食物。地位较高的日本猕猴会垄断一些最好的食物，这样它们就有更多的机会获得足够的热量和蛋白质。在食物充足的时候，储存脂肪对熬过食物贫乏期是相当重要的。一层厚厚的脂肪加上厚厚的皮毛，也可以隔绝外界的寒冷。猕猴还可以挤在一起取暖，将它们的脚趾蜷缩起来，防止冻伤。

长野县北部山区有一个叫地狱谷的地方，那里的日本猕猴找到了另外的保暖方法。日本坐落在环太平洋火山带上，山区的主要山脉上布满了高度活跃的火山。

因为这里有很多的温泉，所以才得名地狱谷，长久以来这里是日本猕猴和人们钟爱的一个地方。1964年，这里建立了一个猕猴公园，紧接着又建造了一个专门给猕猴使用的游泳池，以防止它们进入附近的热水浴池和供人类使用的温泉浴场。随着时间的推移，这里成为备受人们好评的休闲和娱乐胜地。

日本猕猴的体温大约为38℃，似乎格外喜欢水温41℃左右的温泉池。在这些温度舒适的水中，一些地位较高的小猴子在里面游泳、玩耍或者由它们的母亲喂奶，成年猕猴和小猴子会在给彼此梳理毛发和驱除虱子上花费很多时间。

当猕猴从温泉中出来时，并不会像人类一样身体很快就冷下来，因为它们汗腺很少，还具有绝佳的隔绝层。但是，它们对冬季避寒地的选择则和人类差不多，因为这对它们来说可是生死攸关的大事。

狒狒群和雄性狒狒的"后宫"

在非人灵长类动物中，一种最复杂的多级的社会

上图　一只雌性狒狒试图从一只正玩耍小狒狒崽的雄性狒狒手里要回它的孩子。这只雌性狒狒可能需要请求它的头领帮它把小狒狒崽要回来。雌性狒狒天生喜欢和能够保护它们免受其他雄性狒狒与捕食者骚扰的强壮的首领在一起。

左页图　小猕猴玩耍过后在休息。在冬天，它们的游戏包括打雪仗和滚雪球。

系统存在于阿拉伯狒狒中。阿拉伯狒狒是非洲狒狒中分布在最北部的一种，主要分布在非洲之角的半沙漠地区、也门的阿拉伯半岛一隅以及沙特阿拉伯西南部。不同于其他5种狒狒的社会阶层，阿拉伯狒狒的社会阶层可能是由于严酷的环境以及保护捕食区的需要而形成的，但是为了躲避捕食者，它们又不得不大规模地集中在一起，尤其是晚上睡觉的时候。

一个阿拉伯狒狒群体的基本组成就是雄性狒狒头领和它的"后宫"以及它们的小狒狒崽，还有可能有一只或多只雄性狒狒"追随者"。两只或多只雄性狒狒的部落会在白天形成一个小队，这个小队里还包括几只落单的成年雄性狒狒和一些幼年的雄性狒狒。如果群体之间有接触，通常都是有攻击性的。到了晚上，由个体数达到400多只的一些狒狒群体组成数量近千只的狒狒种群，集中在峭壁和岩石的睡觉区域。

在埃塞俄比亚阿瓦什国家公园北部温泉区的非罗

223

哈附近，科学家对阿拉伯狒狒进行了一些广泛的研究。在这里，狒狒小群体的活动范围覆盖了至少30平方千米的半干旱的金合欢灌木丛。当它们离开峭壁的睡觉区域时，这些狒狒小群体会组成一个种群开始迁移，距离有时候会超过一千米，之后再选择各自心仪的觅食路线。又干棕果实的外层，金合欢叶、花朵、种子、豆荚，以及草种子、叶片和花朵都是它们的主食，但是当机会来临时，它们也会捕捉一些埃塞俄比亚野兔或成群的蝗虫。

当狒狒群迁移时，雄性狒狒头领侵略性十足地统领着它的"后宫"，驱赶那些走得太远或是与外来竞争者交往的雌性狒狒。雄性狒狒会用眼神警告，但是也会很激烈地撕咬，通常咬在它们的脖子或头上。雌性狒狒会定期给它们的头领梳理毛发，甚至还有可能为争取梳理毛发的机会而打起来，尤其是在群体很混

上图 首领正在给它的一个"妻子"梳理毛发，这样它们之间的关系会变得更亲密。

乱或处于危险中时。那些处在生殖期（发情期）的雌性狒狒和雄性狒狒待在一起的时间比较多。那些有不到两个月的小狒狒崽的雌性狒狒也会和雄性狒狒待在一起，以寻求保护。它们之间的这种关系可能会持续数年，直到雄性狒狒从它们的小群体中选出它看重的比较年轻的追随者，然后让位给这个追随者。这种让位基本上是自愿的，头领会将位置让给和它相处不错的雄性狒狒，或是它的亲戚。

基本上雄性狒狒当头领时很尊重其他只有一只雄性狒狒的小群体，它会用仪式化的脸部动作进行交流。但是激烈的权力交接时不时也会出现，被打败的狒狒头领可能会严重受伤，甚至有时候它自己的小狒狒崽

也会死亡。失去小狒狒崽的雌性狒狒会在两周内接受新头领，并与其交配。不是头领的雄性狒狒会从雌性狒狒手中夺取小狒狒崽，这通常是为了和它们玩耍。而以这种方式失去小狒狒崽的雌性狒狒基本上很难再找回它们的孩子，除非是在雄性狒狒头领的帮助下。在这种情况下，当它们受到竞争对手或者捕食者的威胁时，雄性狒狒头领就是狒狒群强有力的保护者，这也是头领最终和雌性狒狒繁殖成功的一个非常关键的因素。

事实上，雄性狒狒能够给雌性狒狒和小狒狒崽提供保护，以对抗狒狒的捕食者和在这种严酷的沙漠环境中同它们争夺食物的其他狒狒，而雌性狒狒附属于这样的雄性狒狒头领是它们的生殖本能。

专开坚果的红脸猴

在秘鲁东北部的雅瓦里河流域，猴子的种类很多。

从体型较小的倭狨到身材瘦长的黑蜘蛛猴（也被称为圭亚那蜘蛛猴），有记录的就有 13 种。其中长相最为奇怪的是一种叫赤秃猴的猴子，它是亚马孙流域发现的四种秃猴属中白秃猴的亚种。

赤秃猴生活在棕榈树密布的沼泽地和季节性洪水泛滥的瓦尔泽亚森林，是亚马孙雨林中最为潮湿、最不易到达的地方。通常会有多达 200 只猴子组成一个复杂的社会群体，其中较小的觅食群体总是分分合合，听起来像笑声的"嗨嗨"的闲聊就是它们的沟通方式。赤秃猴群体的核心包括：雌性赤秃猴和它的幼猴，一只雄性赤秃猴作为头领，跟随着的是成群的幼猴和接近成年但尚未交配的雄性猴。领头的雄性猴经常会和

下图　一只雄性赤秃猴头领凶神恶煞地摇摆着身体，毛发直竖，更显体型巨大，这一切让那些单身的雄性猴明白了它在猴群中的地位。而它红润、富于肌肉的脸庞对雌性同类来说意味着身体健康，繁殖能力强，同时它还有善于破坚果的下颌骨。

单身的雄性猴发生冲突。领头雄性猴往往会结成联盟，为了显示权威，它会在树枝上摇晃，或者用脚倒挂在树枝上，这样毛发便能竖起来，身体就显得大了一号。

赤秃猴专吃富含脂肪的种子。从5月到9月，它们钟爱熟透了的曲叶矛榈富含脂肪的黄色果肉，等这些都吃没了，它们会到森林深处，爬到树顶寻找含有大粒种子的果实。1月到4月间，瓦尔泽亚洪水泛滥，趁着果子没有成熟落入水中之前，它们会去搜寻各种果实或种子，比如一种玉蕊科植物的种子。这时，问题就出现了，大部分果实都有十分坚硬的果壳来保护即将成熟的种子。赤秃猴的大犬齿和强壮的颞肌使得它们的下颌骨非常有力，特别是雄性猴，即使是撬开最坚硬的果壳也不在话下，而长长的门牙则是取出种子的得力工具。

其他大多数的猴子则撬不开这些未成熟的果实，这使得赤秃猴有了很大优势。相对于其他猴子喜欢的果实通常聚集在一起，赤秃猴爱吃的果实却分布更分散，所以赤秃猴群每天要跑很远的路程才能找到这些

上图 树冠上，小猴子们正在为自己的母亲梳理毛发。和雄性猴一样，雌性猴也能用有力的下颌骨和门牙来撬开坚硬的坚果，并取出里面的种子。

右页图 一只雄性赤秃猴正在摘取曲叶矛榈的果实。在雅瓦里河流域，赤秃猴十分依赖这种食物。

高质量的种子。

它们所选择的森林的下面经常洪水泛滥，而且荆棘丛生，水蚺游走于周围，所以赤秃猴大部分时间更愿意待在树林的中上部。待在高处固然有好处，但是这样为它们到处活动提出了挑战，尤其是它们短粗的尾巴不好把握平衡。通常它们靠巧妙的飞跃、不断地来回摇晃树枝来获取弹跳的动力，有时它们在树冠间弹跳的距离能达到6米。

我们一般认为，保持一张灿烂红润的脸庞相当于向潜在配偶发出这样的信号：身体健康，抵抗疾病能力强。这对居住在疟蚊和其他血液寄生虫滋生的沼泽地带的赤秃猴来说尤为重要。

赤秃猴也会经常和其他猴子联合起来，比如卷尾猴、松鼠猴，尤其是睁大眼睛警惕捕食者的猴子，这些捕食者包括美洲角雕、豹猫、狐鼬等。因为食物链的层次不同，需要的食物也不同，所以它们在瓦尔泽亚森林中能够和平共存。

敲坚果

成长总是很艰难，这对于生活在巴西中部雨林的髯悬猴来说尤其如此。想要得到稳定的食物源，它们必须完成一系列复杂的任务。

博阿维斯塔谷宛如教堂般的砂岩峭壁下，林地里遍布着桌子大小且顶部相对光滑的石块。石块顶部并不平坦，有一些微小的、浅浅的坑，像极了微微握起呈杯状的双手。这些砂岩好像铁砧一样，上面有打磨光滑的、石质完全不同的石块。这些石块是髯悬猴拿来做锤子用的。

这些峭壁位于被青葱树林覆盖的翠绿山谷中，正好为髯悬猴提供了夜里栖身的安全之所。虽然这里也有食物，但是距离最丰富的食源还有很远，那里有大量的棕榈果。棕榈果仁营养丰富，但是要把它取出来却需要很多的规划、协作和努力。

首先，要摘取棕榈果。棕榈果虽易生长却成熟得缓慢，不过成年髯悬猴有办法应付。它们用手指轻叩来判断果子是否熟透，然后把熟透的果子从树上拧下来。之后它们攀到树顶上——那里对猴子来说更安全，再用牙齿把纤维状的外壳剥掉。令人惊奇的是，它们把棕核扔到了地面上。很有可能髯悬猴认为那些棕核还不够成熟，需要在阳光下暴晒数日才能食用。

地上散落的棕核是它们之前从棕榈树上打落的，

髯悬猴一路顺着捡这些棕核，把它们放在一起或在地上敲打，判断棕核是否成熟。发现成熟的棕核，髯悬猴就用手臂捡起来，然后开始了返回峭壁下的"铁砧"的漫漫长路。我们似乎可以这样认为，剥掉外壳、丢弃新的棕核的同时可以收获之前的棕核，这条生产线就这样形成了，还可以确保来回的路程都不会空手。

接下来在"铁砧"上要做的就是把棕核敲开。至今我们对它们的石锤还知之甚少，只知道它们不是源自相对柔软的铁砧砂岩。即使是也无妨，因为砂岩质的石锤会随着持续使用而逐渐破碎。这些石锤很有可能是砾岩层上脱落的石块，顺着峡谷的沟壑被冲刷，然后被髯悬猴捡起为其所用。有些石锤是利用变质的砂岩制造的，质地最硬的要数石英岩石锤了。这些石锤通常体积大，重量大致相当于成年髯悬猴体重的1/3到1/2。髯悬猴要把棕核放进"铁砧"的小坑里。如果位置不当，棕核就会蹦进灌木丛里；位置得当，才能成功得到果仁。但是即使是经验丰富的成年猴也

上图 学习敲棕核。铁砧石旁一只幼年髻悬猴正在向经验丰富的成年猴学习怎样完美地敲开棕核。

左页图 锤子重量的选择至少是它体重的 1/3，这是至关重要的。同样重要的是，要把棕核放进铁砧石表面的小坑里。它的尾巴是身体的稳定器。

很难一次就敲开如此硬的棕核。它们通常敲一下检查一下，然后翻过来再放进去，再敲，如此反复。这期间髻悬猴紧紧握住石锤，同时不断灵活地变换棕核的位置以及握锤的方式。每次敲打的力度变化幅度很大，这也跟它们的体型和力量有关。有时候只需要用肩膀和胳膊把石锤举起就足够了。有些棕核则需要付出更多的努力：髻悬猴站得笔直，把石锤高高举过头顶，然后砸下来。考虑到石锤的重量，这个动作绝对需要相当大的力气。

棕核被敲碎的声音可以传播得相当远，捕食者必

定很留意这种声音。因此，铁砧石经常位于树底下就不足为奇了。这样一旦遇到危险——髻悬猴一直保持警戒状态——它就有一条容易逃生的路线。

很显然，年轻的髻悬猴有太多东西需要学习。它们紧跟着成年猴，观察它们的每一个动作：从选择棕核，撬开果壳，到选择自然成熟的棕核以及最后怎样用石锤。之后这些髻悬猴会花数月甚至更长的时间练习。它们尝试时经常很搞笑，小猴子常常一下敲一堆棕核，像极了小孩子敲一堆积木。它们也会很小心地把棕核放在铁砧石上，然后徒劳地用另一只棕核来敲打。尽管如此，它们渐渐地会向成年猴学习（成年猴会给它们撬开一半的棕核去练习），不断改进技术，然后开始正确运用工具。

这种非凡的使用工具的技术一定是数百年来代代传下来的。如同所有灵长类动物使用工具一样，髻悬猴给我们提供了从另一个角度了解人类自身演化的

方法。

黑猩猩种群的文化、手艺和装备

除了人类，使用工具最娴熟的动物要数黑猩猩了。[①]每个黑猩猩群落都有自己的工具使用文化，并通过制造不同的工具完成不同的任务。在几内亚东南部的博苏，迄今已有关于黑猩猩的 24 种工具使用方法记录，其应用范围从敲打、探测到提取、展示。而用杵捣和捞海藻这两种行为只在这里的黑猩猩群中有记载。

当地的玛农人很敬重博苏的黑猩猩，认为它们是其祖先的化身，住在神圣的蒙班森林里，俯瞰着整个村庄。目前这里的黑猩猩种群只有 13 只个体，大多在保护林 6 平方千米的范围内搜寻食物，边缘混杂着耕地、废弃田、河流和灌木丛林。黑猩猩可以食用200 多种植物——大约是当地植物种类的 30%，水果是它们的主食，不过它们也吃树叶、树心、种子、花朵、树根和树皮。它们也用昆虫、鸟蛋、蜂蜜作为补充，偶尔还会食肉。当这些自然食物稀少时，它们会跑到果园和田野偷橘子、杧果、木薯、玉米、木瓜和香蕉，还会以油棕榈为食，并且还会一起分享食物，这种做法在其他黑猩猩群落中是很少见的。

食物来源如此之多，多种工具也就应运而生了，尤其是在野果匮乏的时候工具更显得重要。从 20 世纪 70 年代中期对博苏地区的黑猩猩群开始进行研究到现在，人们发现最精细也最为人熟知的就是它们利用石锤和铁砧石敲开油棕榈果核的过程。油棕榈果仁

① 专家提示，黑猩猩有两个物种：黑猩猩和倭黑猩猩，后者只分布在非洲中部的刚果。——编者注

本页及右页图　一只博苏黑猩猩正在操练它们最知名的技巧，用锤子和铁砧石敲开油棕榈果。要敲开这种坚果需要很好的灵活性和眼手协作能力。

富含能量，如蛋白质、钙、磷、脂肪酸和维生素A，而坚硬的外壳又使它们很难吃到这种食物，这就需要很好的技术以及眼手协作能力。这个过程涉及三个可移动的物体——坚果、石锤和铁砧石，它们都需要小心翼翼地摆放，有时候铁砧石下面还要放块石头来保持稳定。技术熟练的成年黑猩猩一分钟能敲开3~4个坚果果核，5~11岁的黑猩猩则需要花大量的时间来练习。并不是所有年龄段的黑猩猩都这样，大概是因为有学习的关键期——在7岁前如果不开始学习敲坚果，小黑猩猩可能就无法掌握这一技能了。

博苏地区的黑猩猩赖以生存的不仅仅有油棕榈坚果，它们还食用其茎秆、花朵和棕榈芯，即树茎内芯。获取棕榈芯需要使用工具，这种行为在其他地区没有被观察到过。黑猩猩先是爬上油棕榈树冠，拨开树叶，用力拔出树冠中心的叶子以到达其生长点，然后把其中一个叶茎弄成杆的形状使劲敲打树冠，之后挖出柔软多汁、富含维生素B的棕榈芯。这种情况多发生在雨季，另一种只在博苏地区才有的使用工具的行为是捞海藻，也能被观察到。首先黑猩猩选择一根植物茎秆，然后剔除叶子把它当作钓竿使用，从水池中捞取海藻。

它们还会用嫩枝来捅蚂蚁。黑猩猩用食指和中指夹着一根柔韧的茎秆或细棍，轻微地来回扫动以刺激蚂蚁出来进攻，然后把爬满蚂蚁的树枝从嘴里扯出来，或者迅速地用手捋嫩枝，然后把蚂蚁送到嘴里。细棍也能被用来从枯朽的木头中捅出蜜蜂。它们对植物的其他利用包括把叶子折成杯状用来喝水，当地面潮湿而黑猩猩又在打盹儿的时候，它们会把叶子铺成舒适的垫子来睡觉。这些发明作为博苏黑猩猩文化的一部分被代代传承下来。如同人类社会一样，当新挑战呈现在眼前时，黑猩猩就会设计出新办法。

上图　一只4岁的小黑猩猩正在向妈妈学习怎样使用石锤和铁砧石。学习此类技巧的关键时期应该在7岁以前。

上图　博苏黑猩猩正在用一根特别挑选的茎秆当作钓竿捞海藻。